用心学

了凡四训

〔明〕袁了凡 撰
刘宏伟 译著

线装书局

图书在版编目（CIP）数据

用心学《了凡四训》/ 刘宏伟译著 . -- 北京：线装书局，2020.12
　　ISBN 978-7-5120-4361-9

Ⅰ . ①用… Ⅱ . ①刘… Ⅲ . ①家庭道德—中国—明代 ②《了凡四训》—注释　③《了凡四训》—译文　Ⅳ . ① B823.1

中国版本图书馆 CIP 数据核字（2020）第 247456 号

用心学《了凡四训》

译　　著：	刘宏伟
责任编辑：	白　晨
出版发行：	线装書局
	地　址：北京市丰台区方庄日月天地大厦 B 座 17 层（100078）
	电　话：010-58077126（发行部）010-58076938（总编室）
	网　址：www.zgxzsj.com
经　　销：	新华书店
印　　制：	三河市同力彩印有限公司
开　　本：	880mm×1230mm　1/32
印　　张：	7.5
字　　数：	130 千字
版　　次：	2023 年 9 月第 1 版第 1 次印刷
印　　数：	0001—3000 册

线装书局官方微信

定　　价：39.00 元

写在前面的话

我很喜欢的一句话是"人生不如意十之八九,常思一二。"我理解的意思是人活在世上不如意的事儿比快乐的事儿要多,那怎么让自己常保快乐的心境呢?那就多去想那些快乐的事儿。

境由心转,改变心态就可以改变自己的人生轨迹。说起来就这么简单,但做起来确实有难度。自己能悟明白这个道理的都是高人,悟不明白也别着急,读书吧,用前人的智慧开悟自己的心灵。《了凡四训》就是有这个功效的一本书。

说老实话,我自认不是一个聪明人,以前也常常拿不如意的事为难自己,钻自己的牛角尖儿,直到有位好友送了我一本《了凡四训》。

我这人爱读书,这既是优点也是缺点。优点是多读书明智,缺点是读死书容易迂腐。好友送书于情于理我都要读一读。讲真

用心学《了凡四训》

话,这书是文白对照的评注版,读起来的体验真心不是太愉悦,文言文写得很美,直译的白话文真是不敢恭维。好在我这个人在读书上还有点耐心。

粗读了一遍,有点顿悟的感觉,心情非常放松。您看,人就是这样,尝到了甜头,兴致就来了,于是开始精读,其间还翻阅了大量的古籍弄清楚里面的典故和术语。

一天,再见好友,卖弄一番读书体会是少不了的。结果好友很高兴地说,他送了近百本《了凡四训》给人看,给他反馈读后感的就我一个人。听完这话,我心里很骄傲,尽管当时的表情估计很傻。

好友建议我说,功夫都下了,干脆写本书吧。于是心动了。心动就要行动,写书的过程居然一切都很顺利,顺利得就像一滴水珠划过荷叶的感觉。一个半月竟然写完了,我都有点佩服自己了。好吧,也许我今生就该是爬格子的命。

这就是《用心学〈了凡四训〉》的来历。衷心地感谢好友的善意和推动。

先来说说原著。《了凡四训》是一本好书,这书本是了凡先生写给儿子袁天启的家训和其他几篇文章的合集。了凡先生袁黄作为明代高级知识分子中的一员,用自己一生的经历给后代子孙留下了宝贵的精神财富,书中将立命、改过、积善、谦德的道理用平和的语言说得明明白白,清清楚楚。

作为一本劝善修德书,《了凡四训》提出了"命由己造,福自己求"的核心思想,旗帜鲜明地否定了宿命论的腐朽观点,认为自己的命运要由自己来把握,要通过改正自己的错误,多做善事、待人谦逊等途径来修炼自己的心源,从而提升自己的道德水平,只有这样才能改变自己的命运,同时得到自己的幸福。

四百多年以来,《了凡四训》广为流传,许多名人雅士都对其推崇备至。因此袁了凡先生也成了"迄今所知中国历史上第一位具名的善书作者"。让好家风薪火相传,为了凡先生点赞一万次。

曾国藩读《了凡四训》后改号涤生,"涤者,取涤其旧染之污也;生者,取明袁了凡之言:'从前种种,譬如昨日死;从后种种,譬如今日生也。'"将其列为子侄必读的第一本人生智慧之书。

日本经营之圣稻盛和夫,早年读了《了凡四训》,非常受用。他后来在其著作中这样写道:"我有幸邂逅袁了凡所写的《了凡四训》,得到了顿悟的感觉,原来人生是这样的。"

《用心学·了凡四训》的撰写完全尊重了袁了凡先生原著的

用心学《了凡四训》

本意，全书也分为四篇，分别是立命之学、改过之法、积善之方和谦德之效，是在原文的基础上加以译著，不同于现在市面的原文加直译加评注的解读方法。本书力求以生动活泼的笔法将原文内涵表达清楚，关键在于解读中将原文中所提思想、典故、人物、知识点、作者背景、时代背景等一干因素全部糅合一体，在忠实解读原文的基础上，为读者展现一个完完整整的"了凡四训"，做到学得轻松，读得明白。

本书撰写中，尽量将学术性和趣味性加以结合，其中不乏笔者的一己之见，限于个人学识，谬误之处，在所难免，期待方家和读者批评指正。

译著者

2020 年 11 月 18 日

目 录

第一篇
立命之学

01 童年往事　2

02 神秘的高人　3

03 算命那些事　5

04 人的命天注定？　8

05 静坐与科举考试　10

06 寻访云谷禅师　15

07 我命由己不由天　18

08 最关心的两件事　21

09 知错能改就是好宝宝　24

10 积德与享福　28

11 袁表的忏悔　32

12 立命的学问教给你　35

40	*13 命运开始改变了*
43	*14 好人有好报*
47	*15 袁黄当官*
52	*16 寿命没求也增加了*
56	*17 立命之学永流传*

第二篇
改过之法

62	*01 为啥积善之前要改过*
65	*02 人要有羞耻心,可别成了禽兽还不自知*
69	*03 人要有敬畏心,想想挺可怕的*
73	*04 人要有勇心,不过别用错地方*
76	*05 只要讲理就还有救*
80	*06 还是从心上下功夫最正宗*
84	*07 改与不改感觉真的不一样*

第三篇
积善之方

90	*01 积善真的好处多多*
93	*02 祖上积德,杨少师位及三公*

目录

03 自惩积善，杨家一门七进士　97
04 都事救人，谢于乔高中状元　101
05 林母好施，科举无林不开榜　105
06 雪中救人，冯琢庵官至太史　108
07 救人危急，应公阴阳双尚书　111
08 赈灾济贫，徐凤竹官至都堂　114
09 屠公减刑，屠家子皆做显官　117
10 捐衣修庙，子孙登第享世禄　120
11 世代行善，小门户终变书香　123
12 什么是真善，什么是伪善？　126
13 什么是端善，什么是曲善？　130
14 什么是阳善，什么是阴德？　134
15 什么是善，什么不是善？　137
16 什么是正善，什么是偏善？　141
17 什么是半善，什么是满善？　144
18 什么是大善，什么是小善？　147
19 什么是难善，什么是易善？　150
20 什么是与人为善？　154
21 什么是爱敬存心？　157
22 什么是成人之美？　161
23 什么是劝人为善？　165

169　24 什么是救人危急?
173　25 什么是兴建大利?
178　26 什么是舍财作福?
182　27 什么是护持正法?
185　28 什么是敬重尊长?
189　29 什么是爱惜物命?

第四篇
谦德之效

196　01 谦虚使人进步
200　02 都是谦虚的楷模
204　03 骄傲的人只要改了就有好报
208　04 立长志者事竟成

213　《了凡四训》原文赏析

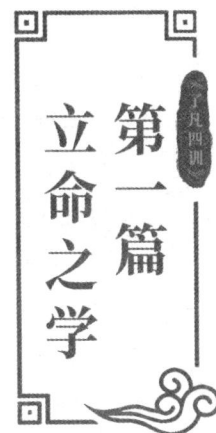

第一篇 立命之学

〔了凡四训〕

人的命运可以靠自己创造，
而不是被命数所束缚

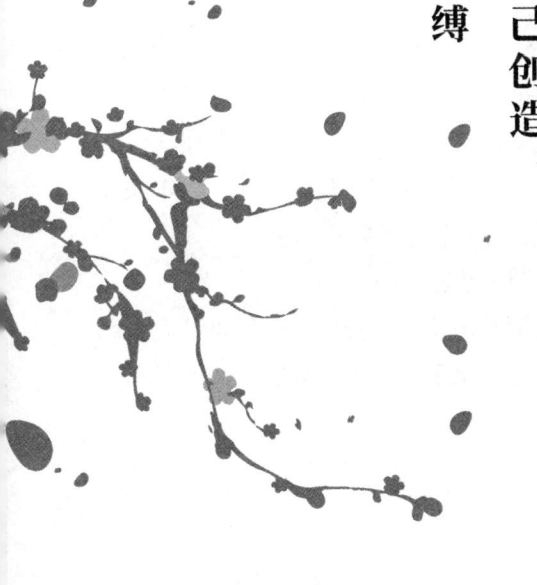

01 童年往事

原文：

余童年丧父，老母命弃学举业学医，谓可以养生，可以济人，且习一艺以成名，尔父夙心也。

明嘉靖十二年（公元 1533 年），发生一件大事——了凡先生出生了。

为啥说是大事呢？因为这位老先生后来写了本书叫《了凡四训》。这本书是中国最具影响力的劝善书，没有之一。所以自打刊印就不断再版，一直再版到今天快 500 年了。书好不好？不看广告看疗效，读者的眼睛是雪亮的。人牛不牛？浙江省的嘉善县和吴江县到现在还在争谁是了凡的第一故乡。天津的宝坻区说我不争，我是妥妥的第二故乡，建了"袁黄纪念馆"。可见一斑。

孩子出生，老爹高兴，取名袁表，字庆远，号学海。以后改名叫袁黄，改号叫了凡，都是故事，后面再聊。了凡的童年是快乐的，在书香中成长。为啥这么说？咱先看看老袁家的家族史。

袁家在元末明初的时候是名门望族，有钱有地位。

建文四年（公元 1402 年），高祖袁顺因与反对朱棣继位的官员有牵连，站错队被通缉了，到处躲藏，直到永乐十一年朝廷免罪这才敢露头，为了生活到嘉善县当了教书先生。

曾祖袁颢写了《袁氏家训》教导子孙。

爷爷袁祥给当地名医殳恒轩做了上门女婿，转行当了大夫。从入赘这点来看，当时袁家生活水平估计不是太富裕，顶多小康家庭。

老爹袁仁子承父业也干了中医。老爹袁仁看书多，知识面广，天文、地理、历法、水利、医学无不精通。袁仁写的《尚书砭蔡篇》《春秋胡传考误》后来被收入《四库全书》，可见水平不一般。

袁家几代人的职业基本上是教书育人和治病救人，干的都是崇高的事业。

好家风必有好传承。祖上的名门不是白叫的，高级知识分子家庭传承的最大财富永远是知识，老袁家经过百年的传承，家有藏书两万余卷。童年的了凡就是在老爹的教导和那一屋子书简中泡大的。

快乐的日子总是很短暂。嘉靖二十五年（公元1546年），袁表十三岁的时候，老爹袁仁不幸去世了。

老妈把小袁表叫到跟前说："孩子呀，你爹过世了，咱孤儿寡母的日子总得过下去，你还是放弃科举考试，去学门手艺当个大夫吧，这样既可以赚钱养家又可以治病救人，将来做一个名医也是你爹的心愿。"

十三岁的小袁表很懂事，很孝顺，明白了老妈的难处和苦心，开始学习做大夫。但很快他就偶遇了一位神秘的高人，改变了做一个好大夫的职业规划。这位神秘的高人是谁呢？

02 神秘的高人

原文：

后余在慈云寺，遇一老者，修髯伟貌，飘飘若仙，余敬礼之。语余曰：子仕路中人也，明年即进学，何不读书？余告以故，并叩老者姓氏里居。曰：吾姓孔，云南人也。得邵子皇极数正传，数该传汝。余引之归，告母。母曰：善待之。

时间一天天过去。这一天，慈云寺。清净之地。

袁表遇到了一位老人，确切地说是一位道人。因为万历二十八年有个叫钱希言的老兄写了本书叫《松枢十九山》，里面有句话"孔道人胜算，会禅师立命"，说的就是这个事。

有人可能会问寺院怎么遇到老道了？其实这事在当时很正常，明朝中晚期儒、释、道三家在民间融合度很高，相互串个门合情合理。

袁表一见这位道人，身材魁梧，长须飘飘，相貌堂堂，气质好、颜值高，像个老神仙，感觉不一般，赶紧行礼打招呼。十几岁的孩子如此有礼貌可见家教很好。

老道一开口更是高人模样，直接问袁表："你是读书当官的命，明年就能考上秀才，怎么不去读书呢？"

乖乖，这么直接，直接命中袁表心中的痛。估计这会袁表的心里是极端震惊的，赶紧把原因说了一遍，并问："老先生您贵姓，来自哪里呀？"

道人下面的话更是吓人，说："我姓孔，云南人，是邵子《皇极数正传》的传承人。我掐算过了这门学问应该传给你。"

天哪！这简直就是草根少年偶得秘籍，成就武林至尊的桥段。不，比那还离奇，不但送秘籍还送师傅啊。

此时，袁表的心情应该是万马奔腾、万分喜悦加上七上八下、半信半疑。前面介绍过袁表的老爹是精通历法的，所以邵子《皇极数正传》这门大学问袁表应该是听说过。但袁表当时还没有行冠礼，属于未成年人，拿不定主意的事问家长。于是就恭恭敬敬地把孔先生请回了家。

老妈一听还有这离奇事，就一句话："好好招待。"

娘儿俩重视度这么高，主要是邵子所著的《皇极数正传》名气太响亮了。

先说邵子。邵子就是邵雍,谥号康节,所以又叫邵康节,康节先生。是北宋著名思想家、易学家。宋明理学的先驱,占卜预测学的鼻祖。古时候死后能被后世称"子"的都是牛人,比如孔子、孟子;还能得到谥号的那就是牛上加牛,因为谥号是皇帝给封的。

邵雍太有名了,有名到宋仁宗和宋神宗两位皇帝先后请他当官,不请都显得皇帝不够贤明。但是这老兄有个性,不去,自己种地,给自己的住所取名"安乐窝"。没错,不用怀疑,就是现在咱们常说的那个"安乐窝"。有史书为证,《宋史·邵雍传》中记载:"雍岁时耕稼,仅给衣食,名其居曰安乐窝。"

邵雍死后,司马光、张载、程颢、程颐这些牛人给办的丧事。宋神宗追封他为秘书省著作郎,活着不愿当官,死后也得给封个官,总算挽回了一点皇家的体面。

再说《皇极数正传》,就是邵雍写的《皇极经世书》,是研究占卜预测的一部巨著,讲个人的命运、国家的命运,世界的命运。现在这本著作收录于《四库全书》里,有兴趣的读者可以去查阅。

现在大家明白了吧,体会到袁表娘儿俩听到孔先生说"得邵子皇极数正传,数该传汝"这句话的心路历程和切身感受了吧?那么孔先生到底给袁表算了什么让他重新回到考试当官这条路上的呢?

03 算命那些事

原文:

试其数,纤悉皆验。余遂起读书之念,谋之表兄沈称,言:

郁海谷先生，在沈友夫家开馆，我送汝寄学甚便。余遂礼郁为师。孔为余起数：县考童生，当十四名；府考七十一名，提学考第九名。明年赴考，三处名数皆合。

复为卜终身休咎，言：某年考第几名，某年当补廪，某年当贡，贡后某年，当选四川一大尹，在任三年半，即宜告归。五十三岁八月十四日丑时，当终于正寝，惜无子。余备录而谨记之。

算命先生请到家，一般人的心态肯定是先拿已经发生过的事问问，看看算得准不准，袁表也不例外。这一试探，分毫不差，都对。

于是，袁表心动了，想重新走仕途，实现自己当初的抱负。宋代大文豪范仲淹说过"不为良相，愿为良医"。意思是说不当个好官就当个好医生，可见古时候读书人第一理想是当公务员，袁表也不能免俗。

求功名考公务员首先得重新上学。袁表的年龄虽小但思路很清晰，找到了小表哥沈称。为啥找沈称呢？第一沈称是袁表姑姑的孩子，实在亲戚；第二沈称的亲哥哥，袁表的大表哥沈科前二年刚考中进士，明白这事。

果然，有门路腰杆硬，沈称大包大揽，说："小弟，这事包在哥哥身上，郁海谷先生正在沈友夫家的私塾里教书，我送你去上学就是了"。沈友夫应该是沈称家的同族，而郁海谷则是当时的嘉善名士，是一位有大学问的人。熟人好办事，于是袁表拜了师。后来袁表给好友郁本宗写过传记，和郁家子弟成为世交。

袁表这一通神操作可以说是信心满满、劲头十足，为啥呀？话不说不明，原来是神算孔先生给他算了前程，说他明年去考秀才，县里能考第十四名，府里能考第七十一名，省里能考第九名。

第一篇 立命之学

高人呀！瞧瞧人家孔先生这自信，不光算出能不能考上，还能算出名次考多少。

转年袁表参加考试，名次和孔先生算得一模一样。袁表那真是心服、口服、外加佩服，明白了孔先生不是一般的算命先生，而是真正的预测学大师。于是请孔先生"卜终身休咎"，就是预测一下袁表一辈子的命运。休咎是指吉凶。

前面咱们介绍过，孔先生自己说和袁表有缘。所以不但算了而且算得很细。

孔先生说："你哪年哪年应该考多少名，哪年应该考上廪生，哪年应该补上贡生，当贡生后哪年朝廷会派你去四川当一个县长，在任三年半，你最好辞职回家，你呢能活到五十三岁，当年的八月十四号夜里一点到三点之间去世。可惜命里没有儿子。"文中所说的大尹就是县长。

听完这些，估计当时袁表的心情应该很差，因为这命已经不是不太好的问题了，是太不好了。听听都牙酸。哦，当一辈子秀才，连个举人都不是；当个不入流的小官，才当三年；寿命还短，五十三岁就过世了；关键是还没儿子，那时候讲究的是不孝有三，无后为大。

但袁表还是默默记录在小本上，牢牢记在心里。搁谁身上也一辈子不敢忘了呀。

人，一个成功的人，除了自己努力外，还需要贵人相助。什么人算贵人？当然是能指导你人生发展的人。在这点上袁表无疑是幸运的。

他的一生至少遇到了四位人生导师。

第一位是他的老爹袁仁。老爹是一位隐世的大家，和写了《传习录》的那位圣人王阳明都有来往，是袁表童年的指路明灯。

第二位是神秘高人孔先生。和袁表相处的时间不长，但通过展示预测学神奇的力量，改变了袁表当大夫的职业规划。

第三位是佛门高僧云谷禅师。传授袁表立命学说，一席话让袁表立志于改过积善，受用终生。

第四位是袁表自己的"心"。为啥是自己的"心"？老百姓常说的"死心了"，"心活了"这两句话咱们边学着《了凡四训》，边慢慢悟。

那么后面又发生了什么，让袁表彻底"死心了"呢？

04 人的命天注定？

原文：

自此以后，凡遇考校，其名数先后，皆不出孔公所悬定者。独算余食廪米九十一石五斗当出贡，及食米七十余石，屠宗师即批准补贡，余窃疑之。

后果为署印杨公所驳，直至丁卯年，殷秋溟宗师见余场中备卷，叹曰：五策，即五篇奏议也，岂可使博洽淹贯之儒，老于窗下乎！遂依县申文准贡，连前食米计之，实九十一石五斗也。余因此益信进退有命，迟速有时，澹然无求矣。

时间像草原上撒了欢的野驴，跑起来就不停。

一年一年过去了，顺利考上秀才的袁表学业可一点也不轻松。每年都得面对各种考核、测试。但永远不变的是每次的考试成绩和孔先生当初算的都完全一样。就在袁表已经麻木的时候，令人惊奇的差错出现了。从心理上来分析，估计袁表当时是有点小兴

第一篇
立命之学

奋加上小疑惑。啥差错呢？

原来，孔先生算的是当了廪生以后，领够了九十一石五斗米的伙食补贴就可以去当贡生了。但领了七十一石的时候，省教育厅屠厅长就批准袁表去做贡生了。哈哈，算得不对，我的命运还有得救。袁表眼前的希望之星冉冉升起，烁烁放光。

但，很快袁表的希望之星就被一瓢凉水给浇灭了。省教育厅人事变动，屠厅长调走了，来了个姓杨的代理厅长把袁表的"贡生入学通知书"给收回了，原因不详。没办法，民不与官斗，只能继续当廪生，好好学习，天天向上。好在伙食补贴还继续给。

转机还是来了。一天，新上任的省教育厅殷秋溟殷厅长看到了县里打的申请报告（县申文）并查阅了袁表的考试卷子，非常赏识，说：这五篇策论写得好，水平简直堪比写给皇帝看的奏章，哪能让这样一个有能力、有学识、有见解、有德行的四有青年一直上"家里蹲大学"呢？必须让他去公办大学继续深造。于是大笔一挥，同意嘉善县"关于袁表同学入贡的申请"。当贡生去吧。那一年是隆庆元年（公元1567年），袁表已经34岁了。

这里咱得说明一点，县里为袁表入贡的事向省教育厅打申请，可不是袁表托关系走后门得来的，那是给县里做了一定贡献的。

嘉靖三十三年（公元1554年），袁表21岁，倭寇多次骚扰县城。嘉兴府通判邓迁（相当于现在的嘉兴市副市长）奉命修筑嘉善县城墙，聘请袁表当顾问，协助编制了修缮城墙的建筑规划。

嘉靖四十四年（公元1565年），袁表32岁，嘉善知县许锁开了一个官办高等学堂，请袁黄去给高材生们讲课。

看见了吧，当时袁表在县里绝对是德才兼备的优秀知识分子，所以县里领导为本县人才争取当贡生的福利合情合理。

小插曲讲完，咱们再回来接着看神算孔先生算得到底对不对。

拿到了贡生通知书,袁表做的第一件事就是赶紧翻小本,看看前前后后一共领了多少米。这一算不得了,不多不少,正好九十一石五斗米。孔先生又算对了。

此时袁表的心那真是哇凉哇凉的,命啊命!命里有时终须有,命里无时莫强求。已经成为中年大叔的袁表此时是悲喜交加,悲大于喜。

喜的是补了贡生,离着当公务员造福一方百姓又前进了一步;悲的是"人的命天注定"这句话看来是真的,孔先生算的也错不了。自己无论如何都逃脱不掉命运的摆布,到了今日今时那真是妥妥地心灰意冷。只想静静地坐着,看自己这艘惨淡的人生小船慢慢地驶向那灯火暗淡的港湾。

袁表彻底认了命,"死心了"。但考上贡生,按照国家规定,必须到北京的国子监去上学。在国子监又发生了哪些有趣的事呢?

05 静坐与科举考试

原文:

贡入燕都,留京一年,终日静坐,不阅文字。

繁华的京城,巍峨庄严的国子监。这里是大明朝的最高学府,学子们追梦的圣地。

一道身影孤独地静坐,比烟花还要寂寞。

静坐?

第一篇
立命之学

对,没错,您绝对没看错。就是静坐!

到了北京国子监进修的袁表,既不逛街,也不读书,只是整天静坐,浑浑噩噩,直面惨淡的人生。《庄子·田子方》里说:"哀莫大于心死"。估计也就是这个样子了。

国子监里有趣的大学生活都与袁表没有任何关系,袁表只是无趣地静坐、静坐、静坐。默默地一年过去了。

好吧。袁表能静坐,咱们可不能偷懒。利用袁表同学静坐的这段时间,我想在本节讲讲明朝的科举考试。为啥讲科举的那些事呢?

因为前面孔先生给袁表算的基本都是科举考试的事。一会县考、府考、提学考,一会补廪、补贡的。简单讲讲,便于大家理解原文。

说老实话,明朝的科举考试比现在的公务员考试复杂得多,也难得多。为啥这么说?一是层级多,和金字塔结构差不多,由低到高共分为院试、乡试、会试、殿试四级;二是录取率太低,低到想想都掉眼泪。

院试是最基层的考试,考生基数大,录取相对容易一些。但就是这个基层考试还要分三个级别,分别是县考、府考、院考,相当于现在的县里、市里、省里分别组织考试,三次全过了,那恭喜你,中秀才了。院考因为是由提学衙门组织的考试,又叫提学考。提学相当于现在的省教育厅厅长的职务。

考生不分年龄大小都叫童生,鲁迅笔下的孔乙己就是头发都熬白了还没考中秀才,还是个老童生,这就有点丢人了。考上秀才就有了功名,除了具备了考举人的资格以外还有点小特权,见县太爷可以不跪,不纳徭役,房子可以盖得比邻居家的高三寸,倍儿有面子。

另外，秀才可不是考上就可以躺着了，还得努力学习。你说我不想考举人，那也不行，因为每年还要参加岁考、科考，考得不好要受到申斥丢面子，考得太差或者违法犯罪的还有被开除出秀才队伍的危险，也就是革去功名。

当然了，成绩优秀的也有奖励，就是获得国家给的伙食补贴，叫食廪，相当于现在的奖学金，明朝那会不给银子给的是粮食。这个名额可不多，根据县城的大小，一个县也就一二十名。拿到食廪的秀才就是廪生啦。

廪生还不是极限，秀才的巅峰是贡生。明朝的贡生分为四种，分别是岁贡、选贡、恩贡、纳贡。啥意思呢？按照字面意思理解就好了。岁贡是凭资历排队；选贡当然是按成绩排队，选拔出来的优等生；恩贡得看运气，遇到国家大典特别是新皇登基会增加名额；纳贡当然和钱有关了，花钱支持一下教育事业。所有的贡生都得县里推荐，最后由省里的提学老爷拍板定夺，不过每年的名额那是少得可怜，一个县捞上一个那都得烧高香。

太难了，不过当了贡生可是好处多多，首先可以去国家最高学府国子监公费学习。国子监全国就一所，在首都。不过明朝特殊点，有北京、南京两个国子监；其次贡生当久了，通过国子监的考试，还有机会外派出去当一些小县的县长或县吏等小官。当大官就别想了，大明朝在这点上比清朝正经得多，考不上进士，七品以上的官没门。

进了国子监的学生，顾名思义就叫监生啦。按照学生来源又分为四种，分别是贡监、举监、荫监、例监。同理，看字面意思就好了。贡监是贡生进入国子监的；举监是考举人没考上，但进入了副榜，属于举人漏，也有机会进入国子监学习。这两种都是读书人的正途，真得品学兼优。荫监就得拼爹了，明朝时有规定，

第一篇
立命之学

在京四品、地方三品、武官二品以上的官员有资格推荐一个孩子去国子监学习；例监最差，捐资助学呗。这后两种都不是凭自己的真本事入的国子监，所以在当时让人瞧不起，学术地位差点。

瞧瞧，光一个秀才就这么多讲究，重视吧？没法不重视。明朝的秀才虽然不能当官，但在民间那可是协助朝廷、官府教化一方百姓的基础力量。下面咱们说说乡试。

乡试，可不是乡村考试，指的是省级考试，考生必须有秀才功名才有资格参加，每三年考一次，每次考三场，共五篇考卷。一般在秋天考试，所以乡试也叫"秋闱"，八月桂花香，出的榜就叫"桂榜"，榜上有名的就是举人啦。五篇考卷每一篇的第一名就叫魁首，合起来就是五魁首，哈哈，没错，喝酒划拳的时候喊的酒令就这么来的，吉利呀。举人的第一名必须从五魁首中选出，就是解元，明朝才子谢晋又叫谢解元就是这么来的。

上面咱们说了，秀才是基础力量，那么举人就绝对是中坚力量了。再来说说会试，会试榜上有名的就真的可以当官了。

会试，那就是国家考试了，必须首都，进京赶考就这么来的。但好多连续剧演的穷秀才进京赶考遇到美女的爱情故事纯属瞎编，千万别当真，哈哈。因为只有举人才有资格进京参加会试，秀才没资格去。范进中举的故事大家都看过，穷秀才范进中了举人都乐疯了，中了举那就是举人老爷了，直接进入士绅阶层，可见秀才和举人的社会地位在当时那真是天壤之别。

会试的主考官都是皇帝钦定的大臣，考试的程序和乡试差不多，也是三年一次，不过考试时间是选在春天，叫"春闱"。三月杏花开，所以会试出的榜单叫"杏榜"，榜上有名的就叫进士。会试第一名就是会元。会试考完了，进士的光荣称号肯定是跑不掉了，高高兴兴在北京等着，但神经还是紧张的，因为殿试很快

用心学《了凡四训》

就会举行。

  殿试，顾名思义，皇宫大殿里举行，主考官是皇帝。考生是进士，这场考试没有落选的，但皇帝会根据成绩和自己的喜好重新编排考生的名次。殿试也出榜，这个榜单叫金榜。老百姓常说的人生两大快事"洞房花烛夜，金榜题名时"，就是说的这个金榜啦。殿试分三甲，一甲就三个人，赐进士及第，第一名状元，第二名榜眼，第三名探花。二甲若干人，赐进士出身。三甲若干人，赐同进士出身。

  讲到这，明朝的科举考试大家应该有个概念了。不光是层层考试、层层选拔，录取的数量那也是相当少，明朝历经276年（不算南明时期），只有90位状元，三年一科，每科取进士平均三百多人，当时的人口八千万左右，基本上是万里挑一，能考中进士的可以说都是学霸。

  顺便说点有趣的事，那有没有"连中三元"的，就是解元、会元、状元全拿到的？有，还真有，这种牛人大明朝一共出了二位。

  第一位叫黄观，安徽人，在洪武朝参加科举，从秀才到状元，经过六次考试（县考、府考、院考、乡试、会试、殿试），均获第一名，时人赞誉他"三元天下有，六首世间无。"

  第二位叫商辂，浙江人。正统朝连中三元。

  好了，八卦完毕，唠唠叨叨说了这么多，科举考试的事就说到这里吧。

  下一节里，袁表终于见到了第三位人生导师云谷禅师，他们都进行了哪些对话呢？

06 寻访云谷禅师

原文:

  己巳归,游南雍,未入监,先访云谷会禅师于栖霞山中,对坐一室,凡三昼夜不瞑目。云谷问曰:凡人所以不得作圣者,只为妄念相缠耳。汝坐三日,不见起一妄念,何也?余曰:吾为孔先生算定,荣辱生死,皆有定数,即要妄想,亦无可妄想。

  云谷笑曰:我待汝是豪杰,原来只是凡夫。问其故?曰:人未能无心,终为阴阳所缚,安得无数?但惟凡人有数;极善之人,数固拘他不定;极恶之人,数亦拘他不定。汝二十年来,被他算定,不曾转动一毫,岂非是凡夫?

  静坐一年,无所事事。
  真的啥也没干吗?我看也不是。袁表心中其实还是抱着一丝对自己命运的不服气。不然怎么能坐得住。
  静坐,也是一种修炼的方法。各家的叫法和法门也不太一样,儒家管这个叫"主静",佛家管这个叫"禅定",道家管这个叫"坐忘"。
  看到了吧,不干活是因为认了命,觉得干与不干都一样。但身为高知的袁表懂得上天有好生之德的道理,他在苦苦寻找那一丝的生机。怎么寻找呢?通过静坐去寻找,去体会、领悟自己的人生观。一年里估计儒、释、道的方法都用遍了。
  但是,没成功。看来靠自己是没戏了,出去找高人求教吧。
  隆庆三年(公元 1569 年),36 岁的袁表打着游学的借口去了南京,南雍就是指南京的国子监。为啥说是借口?您看原文里写的"不入监",到了南京都没去国子监报道,直接去了栖霞山,可不是去旅游，而是专程去求见云谷禅师。真是非常佩服袁表，做事的思路永远那么清晰。

袁表的第三位人生导师闪亮登场，必须隆重介绍一下。

云谷禅师履历：

性别：男

民族：汉

职业：和尚

年龄：69 岁

法号：云谷、法会（所以原文里说"云谷会禅师"，这是一种尊称。）

现居住地：栖霞山大开岩

主要成就：明朝中期中兴禅宗的高僧之一

兴趣爱好：喜欢禅定

人物特点：不太爱说话，与有因缘之人除外

一生经历：可以去看明代高僧憨山德清的《云谷大师传》

袁表见到云谷禅师，禅师也不说话。一人一个蒲团，面对面静坐。前面介绍过两人都是静坐的高手，袁表刚刚静坐了一年，多年以后还写过一本《静坐要诀》。云谷是高僧，行"不倒单"，更是静坐一辈子了。这一坐就是三天三夜。说明一点，坐禅可不是坐着睡觉，那既不舒服也没意义。坐禅的时候人是清醒的，心是忘我的。

云谷禅师一看袁表的表现，心想这小伙子悟性真好，坐禅的功夫是真心不错。来了兴趣。开口问："普通人不能成为圣人，都是因为妄念太多。年轻人，你在这打坐了三天，一点妄念都没有，是什么原因呢？"

必须先解释一下什么是"妄念"。妄念就是你有一个想法，

第一篇
立命之学

这个想法你老想着实现，而且需要别人来满足你。不太好理解是吧？那就再简单点说，妄念就是心中的种种贪念。

袁表回答："我的一生命数孔先生都给我算定了，我的生死荣辱，上天已经都注定了，我还有啥可想的。"这个问题一直是袁表的心结，所以大师一问，袁表赶紧把前因后果说了个明白。

云谷禅师听后，大笑道："我还以为你是一个智慧脱俗的大丈夫，原来也不过是一个没有悟道的凡夫俗子呀。"

袁表特意上山找云谷禅师，就是听说云谷是一位得道的高僧，想看看大师能不能解决自己前途命运的问题。所以立刻化身十万个为什么，马上问："为什么呢？"

云谷禅师心里是很喜欢袁表的。因为这个年轻人谦虚好问，还能净心守静，只是被这一点心结卡住，一直没有想通。佛家讲究的是"佛度有缘人"。平时云谷不爱说话，那是因为面对的都是些俗人，没有因缘懒得说话。遇到有缘人袁表，自然打开了话匣子。

云谷禅师说："人不能没有心，有心就会有想法，那人活在天地间，哪能没有定数呢。但是人分三种，凡夫俗子有定数，极善之人和极恶之人都没有定数。二十年了，孔先生给你算的命一点都没有变化，你说你是不是凡夫俗子？"

啥是"定数"？就是一定的气数。咱们看历史题材的小说里不是经常说某某气数已尽，死去吧，说的就是这个气数。简单聊聊，就是有一种看不见、摸不着的不可知力量控制着宇宙的运行，老子管这个叫"道"。"道"依照一定的规则控制着宇宙的运行，这个规则是非常公平的，它作用在万事万物上，当然也作用在每个人的身上，这就形成了"定数"。

能不能改呢？能，需要修炼。

能不能成功呢？不知道，取决于你的努力和修炼方法。

云谷禅师是高僧，佛门有一门必修课叫辩经，用现在的话叫辩论，所以高僧劝人，与众不同。禅师知道文人大多清高，所以不客气地说袁表就是一个凡夫俗子，一棒子先打蒙，只有先打掉你的那点小傲娇、小清高，后面再劝人就比较容易听进去了。

开导袁表，云谷禅师一共用了三步，棒喝打击只是序幕，那么第一步云谷禅师做了什么呢？

07 我命由己不由天

原文：

余问曰：然则数可逃乎？曰：命由我作，福自己求。诗书所称，的为明训。我教典中说：求富贵得富贵，求男女得男女，求长寿得长寿。夫妄语乃释迦大戒，诸佛菩萨，岂诳语欺人？余进曰：孟子言：求则得之，是求在我者也。道德仁义，可以力求；功名富贵，如何求得？

云谷曰：孟子之言不错，汝自错解了。汝不见六祖说：一切福田，不离方寸；从心而觅，感无不通。求在我，不独得道德仁义，亦得功名富贵；内外双得，是求有益于得也。若不反躬内省，而徒向外驰求，则求之有道，而得之有命矣，内外双失，故无益。

机会难得，袁表继续十万个为什么："那么定数可以逃避吗？求大师教我。"一个"逃"字，暴露了袁表此时急迫的心情。

问得直接，回答得也痛快。云谷禅师也不矫情，直接给出答案，说："命由己作，福自己求。"啥意思？就是命运是由自己把握的，福报是由自己求来的。这个道理《诗经》里说过，绝对的至理名言。

禅师接着说："佛经里也说过，求富贵得富贵，求子女得子女，求长寿得长寿。说谎是佛门的大戒，佛祖、菩萨怎么可能说谎骗人呢。"

云谷禅师是禅宗的高僧，直接引经据典；袁表是国家最高学府的学霸，马上就明白了大师分别引用了《诗经·大雅·文王》和《大佛顶首楞严经观世音菩萨圆通章》里的话。

袁表听明白了，但是不服气。不服就得问，于是袁表继续问："孟子言：'求则得之。'可是求的是自己能做主的事。道德品质这些事我可以做主，当然可以靠自己的努力去追求。但是功名富贵这些事我也做不了主呀，那怎么能求得到呢？"

前面袁表引用孟子的话，出自《孟子·尽心上》，原话是"求则得之，舍则失之"。意思是仁义礼智信这些好的思想品德是自己本来就有的，你想当个好人，严格要求自己就能得到，你不严格要求自己就会失去。

袁表的意思是说，孟夫子是说了求则得之，但孟夫子也没说功名富贵这些身外之物也能靠自己求则得之呀。

问得好有道理呀。恐怕好多想成功的人都有这个疑问，这问题放网上可以直接上热搜。

眼见着袁表不服气，云谷一点没客气，直接又给了袁表一棒子，云谷说："孟老夫子的话说得没错，是你自己理解错了。"

云谷继续引用禅宗六祖慧能的话："一切福田，不离方寸。"这句话出自《六祖坛经》，意思是一切修来的福报，都离不开自己的心。禅宗六祖慧能就是一个传奇，著名的偈子"菩提本无树，明镜亦无台，本来无一物，何处染尘埃"就是这位高僧大能作的。

自己的心——云谷禅师借六祖的话请出了袁表的第四位人生导师。

云谷继续开导袁表。下面的内容敲黑板，划重点。因为这些话让袁表彻底明白了自己错在哪里。

云谷说："向自己的心去求索答案，所有的感官都会畅通。去求什么完全在自己的心，不仅仅能得到道德修养，也能得到荣华富贵。内在修养和身外之物都能得到，这样的求取方法才是对的。如果不能好好反省自己，一味地向心外去求，这种求法让你不能认识自我，会迷失方向，又落到命运的定数里，内在修养和身外之物都得不到。"

云谷禅师的话不多，但蕴含了极深的哲学道理。能不能开悟，看读者朋友们的机缘。

在此，还得多聊几句时代背景，便于大家理解云谷法师点拨袁表的内在含义。

袁表见云谷禅师的时代是明朝的中晚期，当时，江南地区禅宗复兴，这位云谷禅师就是做了大贡献的高僧之一。禅宗从六祖慧能开始，提倡要重视修炼自己的现实之心。《六祖坛经》里有"自心是佛，外无一物而能建立""菩提只向心觅，何劳向外求玄"的说法，可见对修心的重视。

另外，几乎在同一时期，以王阳明为代表人物的儒家心学开始逐渐兴盛，他提出了"致良知"的哲学命题和"知行合一"的方法论。王阳明晚年提出"四句教"，里面这样说："无善无恶心之体，有善有恶意之动，知善知恶是良知，为善去恶是格物。"

这是阳明心学思想的高度概括，他明确指出：心的本体晶莹纯洁、无善无恶；但意念一经产生，善恶也随之而来；能区分什么是善、什么是恶的能力，就是"良知"；而为善去恶的方法就是"格物"。最终明代儒学实现了由理学向心学的转变,成为儒学发展史上的一个重要转折点。

开导第一步,云谷禅师先解决袁表的思想认识问题,大获成功。接下来禅师着手解决袁表最关心的事,那么袁表最关心的是什么事呢?

08 最关心的两件事

原文:

因问:孔公算汝终身若何?余以实告。云谷曰:汝自揣应得科第否?应生子否?余追省良久,曰:不应也。科第中人,类有福相,余福薄,又不能积功累行,以基厚福;兼不耐烦剧,不能容人;时或以才智盖人,直心直行,轻言妄谈。凡此皆薄福之相也,岂宜科第哉。

地之秽者多生物,水之清者常无鱼;余好洁,宜无子者一;和气能育万物,余善怒,宜无子者二;爱为生生之本,忍为不育之根;余矜惜名节,常不能舍己救人,宜无子者三;多言耗气,宜无子者四;喜饮铄精,宜无子者五;好彻夜长坐,而不知葆元毓神,宜无子者六。其余过恶尚多,不能悉数。

讲到这,可能有人会问。凭啥不爱说话的云谷这次说了这么多话?凭啥云谷禅师几句话就点拨了袁表?凭啥袁表听完就完全信服了?

凭啥?就凭禅师在袁表身上看到了自己年轻时求学的样子。咱们先聊聊云谷禅师当年的事。

云谷禅师幼年出家，不想当一天和尚撞一天钟地混日子。于是十九岁的时候，离开寺院当了一名行脚僧，到处寻访名师，学习佛法。后来跟着道济禅师学习天台小止观法门，一个真教，一个真学，很快云谷就入门了，拜别师傅临行时，道济嘱咐云谷一定不要拘于法门的形式，要从心而悟。

云谷很勤奋，日日研究，但一直不悟。一天吃饭时连自己吃完了也不知道，不留神把碗掉地上了。空碗落地，啪的一声碎了，云谷当下顿悟，一切放下：放下执着、放下思量、放下分别、放下言语，回归本心自性。后来成就一代高僧。

云谷禅师当年和袁表现在的状态很像吧，一样地学习刻苦，一样地遇到瓶颈，找不到北。从量变到质变很难，要不就自悟，要不就需要有人帮忙捅破这层窗户纸。捅轻了破不了，响鼓也需重锤敲。云谷爱才，想帮助袁表，这才有前面讲的两棒子。袁表也不是真的凡夫俗子，悟了七八成。为了让袁表彻底明悟，云谷直接从袁表心底最关心的两件事下手。

云谷禅师这时语气缓和下来，问："说说孔先生给你算的终生命数吧？"

袁表老老实实地都说了一遍。

云谷禅师说："年轻人，扪心自问，你觉得自己应该有当官的命吗？有生儿子的命吗？"

这时候袁表彻底瘪茄子了。低头想了老半天。鼓起勇气说："不应该。"

于是，袁表深挖自己的思想根源，就不应该当官的原因总结了三点。

第一点，思想品德不够高尚。相由心生，真正能通过科举当官的人，都有福相，我没福相，也从来没想着行善积德，增加自己的福报。

第二点,自身胸怀不够宽广。心胸狭窄,没有容人之量,遇到麻烦点的事就不耐烦,还喜欢乱发脾气。

第三点,说话办事不够谦虚。仗着自己有点文化,与人交往中总是抬高自己,挤兑别人,不但耍小聪明,还说话刻薄。

以上三点都是我的缺点错误,我感觉距离一名优秀的官员还有很大的差距。

看到这里,有的朋友可能想笑,感觉格式上有点熟悉。但我要说的是,这样写是为了大家读得轻松,记得明白。形式不重要,行动最重要。后来袁表用实际行动证明了自己没搞形式主义,是个行动派。

接下来,袁表继续深挖心灵深处。就自己不应该有儿子的原因剖析了六点。堪称六脉神剑,剑剑直指自己的要害。

第一剑:过分干净。讲卫生爱干净是好事,但过分干净就是病,现在医学把这个归为心理疾病,叫洁癖。有洁癖的人一般都不太合群,个性比较强。为了证明这一点,袁表弄出个排比句:大地呀,虽脏乱,但万物生长;潭水呀,太清澈,却无鱼可活。瞧瞧,大自然都是这个道理,人也一样。

第二剑:爱发脾气。和平、和谐、和气,带"和"字的词让人舒服,让世界繁荣发展。家和万事兴,和美的气氛也让家族人丁兴旺。反过来,老是乱发脾气,祥和的气场被破坏了,不利于万物生长,也不利于人的生养。

第三剑:爱慕虚名。我很喜欢原文里"爱为生生之本,忍为不育之根"这一句,所以拉出来单独讲讲。这句话的本意是:爱是万物生生不息的基本,残忍是万物肃杀的根源。袁表的意思自己缺乏爱心,为了一些所谓的虚名做不到舍己救人,所以上天惩罚自己不给儿子。

第四剑：太爱说话。前面袁表就提到自己说话刻薄，这里又说自己话还多，有点话痨的嫌疑，呵呵。一天到晚叨叨叨嘴不闲着，关键说得还都是不中听的话，佛家管这个叫造口业，而且中医理论里也有多言耗气的说法。

第五剑：喜好喝酒。这个不用多说，喝大酒伤身体，这个道理地球人都知道。而且中医讲喝酒伤精。现代人准备要孩子之前，医生都会嘱咐戒烟戒酒，就是这个道理。

第六剑：经常熬夜。我晕，没想到我们尊敬的了凡先生年轻的时候也是个熊猫族。熬夜伤神呐。中医讲人有三宝，就分别是"精、气、神"，养生的最高境界就是讲究养足这三宝。

做思想工作非常重要。一旦思想通了，一切就都通了。包袱卸掉了，袁表自我批评的态度非常中肯，直接出大招——六脉神剑。前三剑重点剖析了自己性格上的不足，后三剑重点分析了自己生活上的不良习惯。

剖析完自己的缺点和错误，还没忘了总结：我的缺点和错误还有很多，数都数不过来，就不一一列举了。今后我一定虚心请教，认真改正，请禅师考验我吧。

孺子可教呀。云谷禅师听后，一定非常满意。这才启动了开导第二步。那么下面云谷禅师又说了什么呢？

09 知错能改就是好宝宝

原文：

云谷曰：岂惟科第哉。世间享千金之产者，定是千金人物；

享百金之产者，定是百金人物；应饿死者，定是饿死人物；天不过因材而笃，几曾加纤毫意思。即如生子，有百世之德者，定有百世子孙保之；有十世之德者，定有十世子孙保之；有三世二世之德者，定有三世二世子孙保之；其斩焉无后者，德至薄也。

汝今既知非。将向来不发科第，及不生子相，尽情改刷；务要积德，务要包荒，务要和爱，务要惜精神。从前种种，譬如昨日死；从后种种，譬如今日生。此义理再生之身也。

佛家讲业和因果。

业是组成因果的元素。业按照结果分为善业、恶业和无记业（指不分善恶地业）。业是由人产生的，分为身业、口业和意业，分别由人的身体、口舌和意念产生。

因果就是因缘和果报，根据佛家的理论，讲究种什么因，受什么果。通俗点讲就是善有善报，恶有恶报。佛经说"菩萨畏因，众生畏果"，指的就是菩萨明了因果，所以不种恶因；而凡人无所顾忌，常种恶因，却偏偏想尽办法不想承担恶果。可是不去改掉恶因，又怎么会求得善果呢？

佛教传入我国后，与儒家和道家的思想相互影响、融合。业的思想和因果报应观念相结合，产生了业力的概念，这种业力连接着过去、现在、未来三生三世，这就是"因果通三世"的思想。

还要强调一点，业和因果的思想与民间所说的宿命论完全不是一回事。两者最大的区别在于：佛学的思想是积极的，倡导众生要改恶从善，通过不断地修炼自己，可以改变命运，凡人也可以达到佛的境界；而宿命论是消极的，强调人的命天注定，鼓励人要逆来顺受。

为啥说佛学的思想是积极的？我们来了解一下佛家"四弘誓

愿"就明白了，这是每个佛家弟子都要发的，相当于入门的宣誓。"众生无边誓愿度，烦恼无边誓愿断，法门无边誓愿学，佛道无上誓愿成"。大致的意思是说我宣誓愿意努力帮助芸芸众生，我宣誓愿意不断地改过自新，我宣誓愿意终身学习佛法，我宣誓愿意圆满功德，成就佛道。

先通过终生学习涨本事，这是基础，不然你拿什么去帮助别人？再通过不断修正自己的错误，提升自我，然后可以帮助更多的人。就这样不断循环，既修炼了自己又帮助了芸芸众生，自然而然地就功德圆满了。

以上做了这么多的铺垫，就是为了便于大家理解云谷禅师下面要和袁表说的话。只有明白了这一点，大家才能明白云谷禅师为什么让袁表剖析自己的缺点和错误，原来是为了让袁表明白自己种了这么多的恶因，哪会有善果呢？也为袁表今后去改正错误找到突破口。

下面我们接着来看云谷禅师又说了什么？

一僧一俗，一师一徒，早上的一缕阳光，透过禅室简陋的窗棂照在云谷禅师的脸上，熠熠生辉。

云谷禅师缓缓说道："这个道理也不局限于考试当官这一件事上呀。你看看这世界上大富大贵的人，都是他过去修福得来的福报，过去修大福缘，现在得大福报，过去修小福缘，现在得小福报。没修福缘、造业太多的就是那些被饿死的人。众生平等，上天什么时候有偏有向过。再说说生儿育女的事，也是一个道理，根据你修得福报的大小就有多少代子孙的传承。"

"现在你明白了这个道理，也知道了自己错在哪里，将来一定要痛改前非呀。今后你务必要行善积德，务必要胸怀宽广，务必要和和气气、心中有爱，务必要爱惜身体。从前种种，譬如昨日死;从后种种,譬如今日生。此次新生再造的可是你的义理之身呀。"

"从前种种,譬如昨日死;从后种种,譬如今日生"。这句名言流传近五百年了,现在好多人写检查的时候还在用,呵呵。从古至今,生死是人最看重的大事之一。古人有:"人固有一死,或重于泰山,或轻于鸿毛"这样的话。一代伟人毛泽东也说过:"生的伟大,死的光荣"。云谷禅师这样说,是希望袁表改正过失的决心不但要上升到生死这样的高度,而且还要与过去的自己决裂,重新做人。

再聊聊"义理之身"这个概念。"义理之身"是指的具有义理之性的身体。那义理之性又是啥呢?

这事得从头说起。宋朝理学家张载最早把人性分为天地之性与气质之性,然后呢,程颢、程颐哥儿俩发展了一步,说天地之性的本源在于理,就是天理或者叫理性。天理还是咱们现在说的天理难容的那个天理,理性到了现在意思已经和原来的不同了。所以天地之性也叫义理之性了。指的是天生具有的纯善的人性。而与之对应的气质之性是后天产生的,有善的也有不善的。

这里说的张载、程颢、程颐就是咱们前面讲过的给邵子临终关怀的那老哥儿三个。这朋友圈够小吧。

到了后来,理学家朱熹又给了进一步的解释。他在《玉山讲义》里认为,人一出生就具有义理之性,也就是天性是善良的,也就是《三字经》开篇讲的"人之初,性本善"。但是人既有义理之性还有气质之性,而且义理之性要通过后天气质表现出来。气有清浊,随着人渐渐长大,气质之性发挥作用,人就分出善恶了,就是"性相近,习相远"了。

大家明白了吧?反正袁表作为国家最高学府的高材生肯定是听明白了。所以云谷禅师继续开导。下面禅师又有何高见呢?

10 积德与享福

原文：

　　夫血肉之身，尚然有数；义理之身，岂不能格天。太甲曰：天作孽，犹可违；自作孽，不可活。诗云：永言配命，自求多福。孔先生算汝不登科第，不生子者，此天作之孽，犹可得而违也；汝今扩充德性，力行善事，多积阴德，此自己所作之福也，安得而不受享乎？

　　易为君子谋，趋吉避凶；若言天命有常，吉何可趋，凶何可避？开章第一义，便说：积善之家，必有余庆。汝信得及否？余信其言，拜而受教。

　　远处栖霞寺的晨钟响起，悠悠中带着一丝庄严。阳光渐斜，照到袁表的脸上，宁静中流露出越来越多的坚定之色。

　　云谷禅师看在眼里，说道："肉体凡身，是有定数的。但是通过自己不断地反省改过而得到的义理之身，难道不能感通于上天吗？"

　　云谷禅师自问自答，继续说道："《太甲》里面说：'天作孽，犹可违；自作孽，不可活。'《诗经》里面说：'永言配命，自求多福。'孔先生占卜你不能考取科举，命中无子，这些都是你天命中的定数，还是可以改变的。从今往后，你修身养性，提升道德水平，要不计得失地多做善事，这样才能积累阴德，自己修福得到的福报，难道自己不能享受？哪有这个道理！"

　　说到这里，云谷禅师提高了嗓音，说道："《易》本来就是为人谋划趋吉避凶的，如果定数不能改变，那还怎么去追求吉利，又怎么躲避灾难呢？《易》里面开篇第一句就说'积善之家，必有余庆。'你明白了吗?"

声如洪钟,振聋发聩。袁表彻底服了、信了、明白了。于是赶紧站起身来,一躬到地。

袁表在云谷禅师的开导下终于开悟了,打开了藏在心里多年的心结。云谷禅师为了让袁表明白"命由己作,福自己求"的道理可以说是挖空心思,引用了大量的古籍名句,又是佛经、《太甲》,又是《诗经》《周易》的。袁表是书生,平时学的就是这些经典文献,他能马上听懂。咱们现代人平时离这些有点远,还得挑重点的简单解释一下。

咱先说说"格天"。这个格天可不是隔天,哈哈,开个玩笑。说到这个"格",在《了凡四训》原文中一共出现了六次。其中两处是"功过格"和"空格一册",这个格指的是画出横线的本子,有点像现在的表格,这个好理解;两处是"格天"指感通天意的意思,格是动词,是感通的意思;一处是"感格",这个格是探查、探究的意思;最后一处是"古人格论",这个格是名词,泛指所有关于"格"的理论。

"格"是一个东方哲学范畴的词汇,说起来还真挺神秘。因为戴圣、二程、陆九渊、司马光、王阳明等一众大咖对"格"的理解,意见不统一。学术问题,特别是哲学问题要是扯起来肯定没完没了。所以我建议神仙打架,咱凡人最好不掺和。

我们只需要知道"格物"出于《礼记》的第四十二篇,到了宋朝时把这一篇单独拿出来叫《大学》,与《论语》《孟子》《中庸》合称"四书"。《大学》提出的格物、致知、诚意、正心、修身、齐家、治国、平天下是儒家的重要思想,强调正心是修己的小目标,正心之后才能去修身、齐家、治国、平天下。

现在很多人断章取义地只说修齐治平这后半段,会导致为达目的而不择手段，没有理解圣贤所表达的完整含义，那就大错特错了。

再说说"太甲"。太甲是商代的一个王，他的故事出自《尚书·商书·太甲》。《尚书》是我国第一部记录上古历史事件的汇编。分为《虞书》《夏书》《商书》和《周书》。战国时期总称《书》，汉代以后改称《尚书》，是儒家五经之一，又称《书经》。

太甲的故事挺有意思的，故事梗概是太甲当了王，前面还算贤明，后来就开始淘气了。辅政大臣伊尹多次规劝，太甲也听不进去，伊尹没办法只好暂时废掉太甲，让他去先王的墓地反省自己。三年后，太甲明白了自己的过错，伊尹又把他接回来当王。

"天作孽。犹可违。自作孽。不可逭。"就是太甲醒悟后，做自我批评的时候说的话，大意是上天造成的灾祸，还可回避；自己造成的灾祸，不可逃脱。

怎么理解这句话呢？比如说台风、地震、水灾、旱灾等，这些天然的灾害，发生的时候你还有可能躲过去；但是自己造的孽，就像人的影子，逃不掉的。逭[huàn]就是逃的意思。流传中可能大家觉得用"逭"字不解气，改成了"活"字。

再来聊聊《诗经》。《诗经》也叫《诗》或《诗三百》，是我国最早的一部诗歌总集，据说以前有一万多首，但能流传到今的也就311首，其中还有6首只有标题没有内容。到了汉武帝罢黜百家、独尊儒术的时代被定为儒家经典，五经之一。

原文里说："永言配命，自求多福。"这一句出自《诗经·大雅·文王》。意思就是说"要不断地思考自己的行为是否合乎天理，自己去追求美好的幸福生活"。老祖宗中的贤者，两千多年前就有这个智慧了，不去求这个神那个仙，从自身找原因，叫求人不如求己。自己做的事和天理、顺民意，那你的幸福生活自然就来了。

这八个字的深刻含义在此。

最后就得说说《易》了。这个《易》是老百姓觉得最神秘，同时也是误解最多的著作。为啥这么说？咱们来聊聊。

准确地说，《易》有三部，分别是《连山》《归藏》和《周易》。因为有记载，《周礼·春官·大卜》中说："掌三易之法，一曰连山、二曰归藏、三曰周易。"大家平时说的《易》一般指《周易》。

《周易》从内容上划分，又包括《经》和《传》两个部分。《经》主要是六十四卦和三百八十四爻，分别有卦辞、爻辞；《传》是解释卦辞和爻辞的，共十篇，统称《十翼》。《周易》中占卜、预测只是其中的一个功能，它还包括了天文、地理、军事、科学、文学、农学等丰富的内容。

"积善之家，必有余庆"这句话出自《易传·文言传·坤文言》，是解释坤卦的语句。意思是说修善积德的个人和家庭，必然有更多的吉庆。后面还有半句，是"积不善之家，必有余殃"。指的是作恶坏德的家庭，必有更多的灾祸。

好啦，简单聊聊这些知识点，是为了便于大家理解原文，同时也让大家以点带面、举一反三地多去了解一下大中华的国学经典，我的苦心，你懂的。下面接着聊正题。

伟大的目标确定了，接下来需要考虑的就是怎么实现的问题。同样的道理，袁表的思想工作做通了，接下来云谷禅师作为人生导师就得教导三好学生袁表怎么去行动起来。咱们一起去看看云谷禅师又是怎么做的？

11 袁表的忏悔

原文：

因将往日之罪，佛前尽情发露，为疏一通，先求登科；誓行善事三千条，以报天地祖宗之德。云谷出功过格示余，令所行之事，逐日登记；善则记数，恶则退除，且教持准提咒，以期必验。

语余曰：符箓家有云：不会书符，被鬼神笑；此有秘传，只是不动念也。执笔书符，先把万缘放下，一尘不起。从此念头不动处，下一点，谓之混沌开基。由此而一笔挥成，更无思虑，此符便灵。凡祈天立命，都要从无思无虑处感格。

前面讲过，袁表被孔先生算定命数，认了命，死心了。云谷禅师一番苦口婆心的教导，让袁表的心活了过来。心动了，心动就得行动。

袁表发挥国家最高学府高材生的优势，洋洋洒洒、运笔如飞，深挖自己灵魂深处，将自己以往犯下的过错一一罗列，在佛祖面前写了一篇忏悔录。

忏悔完毕，又许了一个登科愿。祈求佛祖保佑，让自己能考中举人，发誓要做三千件善事来求得圆满，以报答上天和袁氏祖先的养育之恩。

仪式在庄严、肃穆的气氛中进行，云谷禅师亲自主持了仪式。没有鲜花、没有掌声，也没有观众。但有的是一位老人面带欣慰的笑脸和一个学生立志向善的赤诚之心。

仪式过后，云谷拿出一本功过格交给袁表。告诉他把今后所做的事不论善恶都要记录在功过格上，每天都要记，按照功过格的规则做了善事就加上分数，做了恶事就减除分数。然后又教给袁表如何念诵准提咒。

先插播一段功过格的广告。

这里提到的"功过格",还有后面袁表提到的"治心篇"基本上是一个东西,起个通俗点的名字可以叫"善恶行为记录本",是一种方便记录善恶行为的小册子,流传的版本很多。今天在中国香港、台湾等地区,东南亚等国家还有人在用。

功过格的流传是儒释道三家通力合作的结果。据说最早出现在宋代,是由理学家二程、朱熹等人开发,先在文人圈子里流行,后来佛道两家大力在民间推广,一直流传到今天。

用法呢,有点像现在的财务账本。根据自己的需要把要做的善事和恶事分别列出来,善事这一列叫功格,恶事那一列叫过格。每件善事、恶事对应相应的数值。使用的人每天晚上睡觉前要反思自己这一天的行为,然后对应相应的项目打分。只需要记上分数,不用写具体干了啥事。月底的时候做个小结,每个月一本,年底的时候再将分数统计好,功过相抵。再转入下一年。目的就是督促自己要不断地改过积善。

关于准提咒咱们后面一讲再说。

广告完毕,咱们接着说正文。

云谷禅师确实是一位好老师,为了学生的进步,十八般兵器都用上了,就怕袁表听不懂。摆事实,讲道理,一位高僧连道家画符的方法也拿来做了教学案例。

一起来看看下面这个案例。这个案例是为了后面云谷禅师要说的立命之学做铺垫的。

云谷说:"符箓家说过:'不会画符,只会被神鬼笑话。'想要画好符那是有秘诀的,秘诀就是不要有私心杂念。具体方法如下,拿起笔准备画符前,先要静心,啥都别想,让脑子处于混沌的状态，然后下笔，这个下笔的那一点就叫"混沌开基"，然后不能犹豫，笔画也不能断，要一笔完成，这期间绝对不能有一点的杂念，这样画出的符才能灵验。"

画符不知窍，反惹鬼神笑。画符若知窍，惊得鬼神叫。干啥事都得有窍门，那么如何去改变命运？当然也有窍门。

所以云谷说："凡是修身养性以奉天命，都要放下妄念，用清净之心、真诚之心、恭敬之心去感悟。"这就是云谷禅师交给袁表立命之学的方法论。

老规矩，还是一起聊聊里面的知识点。

先说"符箓"。符箓是道家的专利产品。符和箓最初的功能是不一样的。"符"是画出来的，老百姓叫"鬼画符"，挺贴切的，一个原因是确实看不懂，一个原因是符本来就是用来招神请仙，驱鬼辟邪的；箓是写出来的，上面写着要请的神仙名字和求神仙保佑的事，通俗点讲就是一张请柬，放在身边，求神仙在某件事上关照自己。

有的朋友可能会说，这不都是封建迷信嘛。要叫我说，也不尽然，关键看您关注的是个啥。您听我讲个段子可能会改变看法，符箓是从汉朝的时候出现的，二千多年了，请神驱鬼到底灵不灵，我不知道，但是对中华瑰宝——书法产生了很大的影响。这可不是我瞎说的，有史学家的考证。

史学家陈寅恪先生考证，两晋南朝的书法世家和天师道世家是基本相符的。最有代表性的当然是书圣王羲之一家子了。《晋书·王羲之传》里记载"王氏世事张氏五斗米道。"五斗米道由张道陵创建，就是后来的天师道，晋时分化为南北天师道，元时又合并为一派，叫正一道。可以说王羲之家族世世代代信奉道教。

那画符和书法咋又扯一起去了？当时画符和抄道经那可不是

一般人能参与的，必须同时具备三点你才能参与这项工作：首先你得信教，否则没动力；其次得有文化；第三你的字得写得好，门面呀。这就出现了一个书法门派叫道家书法。王羲之就是里面的佼佼者。《书论》里面记载："凡书贵乎沉静，令意在笔前，字居心后，未作之时，结思成矣。"瞧瞧，写书法是不是和前面云谷讲的画符箓一个心境。

还有一个有意思的事，据考"之"字是五斗米道教徒名字里的暗记，当时有社会地位的教徒广泛在名字中使用，比如书法家王献之、王羲之，数学家祖冲之，画家顾恺之，史学家裴松之。好玩吧，学点国学真的挺有乐趣的。

再说说"混沌开基"。"混沌开基"是道教炼丹术里面的术语，混沌指入静以后，处于物我两忘的那种状态。开基指的是开始。有一本专门写炼丹术的书叫《大成捷要》，里面对修行内丹有详细的介绍，修炼的七重境界就是七次混沌开基。比现在好多修真小说里写得精彩多了，有兴趣的朋友可以去翻阅。

书归正传。功过格给了，准提咒也教了，案例也分析了，下面云谷禅师开始讲立命之学的重点，都讲了什么呢？

12 立命的学问教给你

原文：

孟子论立命之学，而曰：夭寿不贰。夫夭与寿，至贰者也。当其不动念时，孰为夭，孰为寿？细分之，丰歉不贰，然后可立贫富之命；穷通不贰，然后可立贵贱之命；夭寿不贰，然后可立生死之命。人生世间，惟死生为重，曰夭寿，则一切顺逆皆该之矣。

至修身以俟之，乃积德祈天之事。曰修，则身有过恶，皆当治而去之；曰俟，则一毫觊觎，一毫将迎，皆当斩绝之矣。到此地位，直造先天之境，即此便是实学。

汝未能无心，但能持准提咒，无记无数，不令间断，持得纯熟，于持中不持，于不持中持。到得念头不动，则灵验矣。余初号学海，是日改号了凡；盖悟立命之说，而不欲落凡夫窠臼也。

这一讲开篇提到"孟子论立命之学"，是《了凡四训》第一篇"立命之学"的点题部分。所以咱们先说说"立命"一词的来源。

1973年，考古队在挖掘长沙马王堆古墓时，发现了28幅帛书，在《帛书老子乙本》的帛书前部，发现了大段从未记载过的文字，经反复论证，认定这是失传已久的道家巨著《黄帝四经》，这本书之前只是在《汉书·艺文志》中提到过，但没有内容。

专家认为因为《黄帝四经》和《老子》学说在古时候合称"黄老学说"，所以在帛书中才和《老子》放在了一幅上。《黄帝四经》《老子》《庄子》都是道家经典，但其中蕴含的思想有相同之处也有不同之处，代表了道家不同的学派。

《黄帝四经》由《经法》《十三经》《称》和《道原》四部分组成，主要讲述的是道家黄学的治国理念，其中《十三经》的第一篇就叫立命。经考证，《黄帝四经》成书时间晚于《老子》，早于《孟子》。所以准确地说，"立命"一词最早出自《黄帝四经》，而在儒家经典里最早出自《孟子》。

我一贯的观点是讲书除了要讲清楚书里的道理，还要把书中提到的重要概念也解释一下，第一能让读者多了解作者的本意，其次也便于帮助读者更好地理解内涵。但主次要分明，知识点必须讲，但只简单概括，重点还是讲《了凡四训》本书。咱回到正文。

第一篇
立命之学

大家应该还记得,前面袁表曾用孟子的话反问过云谷禅师,云谷说他理解有问题,这里禅师干脆还用孟子的话来教导袁表,就用你最擅长的武功打垮你,就问你服不服。

云谷说:"孟子论立命之学,而曰:夭寿不二。"

这个"夭寿不二"出自《孟子·尽心上》,完整的句子是"尽其心者,知其性也。知其性,则知天矣。存其心,养其性,所以事天也。夭寿不二,修身以俟之,所以立命也。"这就是孟子的立命观。

大家知道孟子的观点是人性本善。所以孟子这段话的意思是:"人要努力去反省自己的内心,觉悟自己善的本性。觉悟到了本善的人性,就契合了天命的规律。然后保持这种心境,修养善的本性,来对待天命。无论寿命长短,只需要修身养性,等待天命的转变,这就是安身立命的方法。"

明朝那个年代,云谷和袁表对《孟子》这些经典都是滚瓜烂熟,所以云谷不用像我这样把原文和译文都说一遍。云谷禅师直接说"夭寿不二"这句干货,了凡就明白了这是孟子的立命学说。

前面云谷禅师说了凡对孟子的话理解得不对,这里云谷进一步解释了到底哪里理解得不对。

云谷说:"孟子谈立命,说人的寿命长短都一样,没啥区别。可是人活在这个世界上,普通人把生死看得最重,寿命长短怎么会没有区别呢?区别大了去了。但是你换个思路,长和短这个标准是人从主观上制定的,没有标准就没有对比,心里的标准没了。那啥叫寿命长,啥叫寿命短呢?"

云谷接着说:"用同样的思路去想,去掉所有的主观标准,丰收和歉收没什么区别了,富贵和贫穷也没什么区别了。假如一个人连生死都看淡了,那顺境和逆境还会在意吗?"

听着绕来绕去的，有点像绕口令，不太好理解吧。其实孟子也好，云谷也好，说的都是一个辩证思想叫"不二"，道家代表人物庄子在《齐物论》里也阐述过这个思想。

一碰到哲学问题都不太好懂，咱们说点能听懂的，"不二"可以理解成"一样"。比方说，你说泰山高，和喜马拉雅山比起来是低的；你说张三有钱，和世界首富比起来就是穷人；你说县长官好大呀，比起省长来啥都不是了。所以凡事要比较，必须先定个标准。而标准是人主观上制定的，现在你心里一丝妄念都没有，这个主观性就没有了，也就没有标准了，那么从这种不带主观标准的境界里再去看，是不是啥都一样了。

云谷继续说："孟子还说'修身以俟之'，指的是要修身养性等待天命的转变。这就是你积德行善祈求上天的原因。通过"修"，把你身上的过错都改掉；通过"俟"（等待），积累并保持自己纯净的善念。到了那种地步，就达到了超凡脱俗的先天之境了，这才是孟子说的立命之学的真正含义。"

总结起来就一句话，认真改过，好好行善积德，等着从量变到质变去吧。

看到这里，大家应该可以将云谷禅师教授的立命之学串联起来了吧。"命由己作，福自己求"的本质是：通过反省自己的过错，从而明白自己的认知和所作所为哪里与天道的运行规则有偏差；通过改过，打开自己的心门，开阔自己的胸怀，尽量让自己契合天道的规律，然后通过积极主动地行善积德，不断积累自己的阴德和底蕴。心底无私天地宽，待人接物自然与以前不同，等到量变达到质变的时候，自然就是你命运得以改变的时候。归根结底，命运的好与坏原来就掌握在自己的心中，幸福的大与小原来就来源于自己的行为中。你悟了吗？

第一篇
立命之学

云谷禅师把立命之学掰开揉碎地教给了袁表，还怕袁表坚持不下来。又把准提咒的念诵方法教给了袁表。真是师者父母心呀。这样的老师我也想要，嘿嘿。

云谷说："人呀，不可能没有七情六欲，刚开始你还达不到心无杂念的境界，这就需要准提咒帮你静心，念诵的时候不要特意地去记，也不要去管念了多少遍，不要间断，念熟了以后，在修持的时候就像不修持的时候一样，不修持的时候又像修持的时候一样，等到没有杂念的时候，就灵验了。"

准提咒是准提佛母所持的咒，很短小，据说求啥得啥，很是灵验，大家有兴趣可以去百度上找找，有文字，有读音。南怀瑾先生还有持咒的心得，在网上也找得到。

前面咱们讲过，袁表，字庆远。古人一般会给自己起个号，袁表给自己起的号是学海。学海无涯的意思。我估计应该是中秀才那年起的，正是十五六岁，又是春风得意的时候，学海这个号起得也是够狂的，符合少年人的心性。

为了纪念这次求学的经历，也为了悟到了立命的学问，期待自己以后不在凡人窝里混了，袁表决定改号"了凡"。袁表，字庆远，号了凡，取了"去自己的这颗凡心"之意。

咱们也替袁表高兴，为了纪念这一伟大时刻，从这里以后，我们在书中就也不再称呼袁表了，而是直接称呼"了凡"。

立命之学终于学到了，后面了凡先生的命运改变了吗？

13 命运开始改变了

原文：

从此而后，终日兢兢，便觉与前不同。前日只是悠悠放任，到此自有战兢惕厉景象，在暗室屋漏中，常恐得罪天地鬼神；遇人憎我毁我，自能恬然容受。

到明年礼部考科举，孔先生算该第三，忽考第一，其言不验，而秋闱中式矣。然行义未纯，检身多误。或见善而行之不勇，或救人而心常自疑；或身勉为善，而口有过言；或醒时操持，而醉后放逸。以过折功，日常虚度。自己巳岁发愿，直至己卯岁，历十余年，而三千善行始完。

栖霞山外，官道之上。

一位背着书箱的书生，正回首望山，目光炯炯有神，坚定中透出一丝淡淡的复杂之色。良久，书生转过身来，迈步走向繁华的南京城。日头高照，温暖而热烈，恰如这人此时的心情。此人正是了凡。

一路无话，默默回想云谷禅师的教导，不由得一声感慨——云谷真高人也。

大家和了凡一起轻松愉快地回顾一下云谷禅师传授立命之学的过程。

云谷劝人共分三步，和把大象关冰箱一个原理，哈哈。这个段子在春晚上播出后几乎家喻户晓。说把大象关冰箱里需要几步？第一步打开冰箱；第二步把大象放进去，第三步关上门。咱们总结一下大师的做法。

前奏：棒喝。"我待汝是豪杰，原来只是凡夫。""孟子之

第一篇
立命之学

言不错,汝自错解了。"先一棒子打掉你的骄傲,小伙伴们才能一起愉快地聊天。

开导第一步:把门打开。"命由我作,福自己求。""一切福田,不离方寸;从心而觅,感无不通。""求在我,不独得道德仁义,亦得功名富贵。"云谷所有的话都是为了帮助了凡打开心门,只有心门开了才能听进去道理。

开导第二步:把大象放进去。"从前种种,譬如昨日死;从后种种,譬如今日生。此义理再生之身。""汝今扩充德性,力行善事,多积阴德,此自己所作之福也,安得而不受享乎?"只不过云谷放的不是大象,是立命之学的道理。

开导第三步:关上门。"至修身以俟之,乃积德祈天之事。曰修,则身有过恶,皆当治而去之;曰俟,则一毫觊觎,一毫将迎,皆当斩绝之矣。""云谷出功过格示余""且教持准提咒"。道理听进去了,再教你具体方法和工具。方法是修身和等待,一点点地积善,然后实现从量变到质变,改变命运。工具是功过格和准提咒。

怎么样,总结完了大家觉得是不是清晰多了,云谷禅师行云流水一般的逻辑表达能力令人赞叹,值得学习。但大家一定要记住"立命之学"所讲的道理才是本书的重点。

我们大家从小都知道,读书改变命运。学习了立命之学,我们应该明白,读书只是一部分,还有更重要的一部分是"读心",读自己的心。只有修养心性,行善积德,利他利己才能让自己的命运改向好的方向。

纸上得来终觉浅,绝知此事要躬行。接下来了凡将全部的精力投入到了轰轰烈烈的实践中去了。

心变了,看问题、做事情的眼光和角度那真是完全不同了。

从那以后，了凡时刻以做一名德才兼备的好儒生来严格要求自己，不论是说话办事，还是学习修炼那都是谦虚谨慎加上认真负责，顿时觉得自己的人生观、世界观与以前完全不同了。

以前是得过且过地混日子，现在是处处小心翼翼，生怕自己老毛病又犯了。就是一个人在屋里也规规矩矩，就怕满天的神佛不满意。以前遇到和人有矛盾，那是生死看淡，不服就干，现在是虚怀若谷，虚心接受。

火车跑得快，全靠车头带。重获新生的了凡干劲很足，这样的日子很快就过了一年。

隆庆四年（公元 1570 年），37 岁的了凡第六次参加礼部在南京举办的乡试，高中举人。兴奋之余，了凡赶紧翻出当年尘封了二十多年的小本子查看，哈哈，有变化，孔先生当年算的其中一场考试应该得第三名，不中举。现在这场考试得了第一名，中举了。孔先生算得不准啦！命运的指针第一次向了凡希望的方向发生了偏移。

了凡不禁泪流满面，立命之学真乃实学也，云谷禅师诚不我欺也！

命运有了变化，自然信心大增。了凡沿着这条路继续前行。但俗语说："一个人做好事容易，难的是一辈子做好事。"了凡也不例外。其中的艰难了凡在书中是这样写的。

"虽然很努力，但是我修行的功夫还是不到家，经常发现自己还有很多错误。有的时候去做好事不够积极主动；有的时候想救人又怕被碰瓷，因此思想上犹豫不前；有的时候本来办的是好事，可说出来的话很不中听；还有的时候不喝酒君子范十足，喝多了原形毕露。只能按照功过格上的要求以过抵功。白白浪费了许多时间。"

这样的日子从隆庆三年（公元1569年）一直到万历七年（公元1579年）整整做了十年，了凡在佛祖面前许诺的三千件善事才做完。

万事开头难，但了凡坚持下来了，十年做了三千件好事，差不多每天都要做一件，了不起，让我们由衷地为了凡先生点赞。

本书中了凡一共许了三次愿，第一次许愿中举人，心愿达成。那么后两次都许的什么愿？达成了吗？

14 好人有好报

原文：

时方从李渐庵入关，未及回向。庚辰南还。始请性空、慧空诸上人，就东塔禅堂回向。遂起求子愿，亦许行三千善事。辛巳、生男天启。

余行一事，随以笔记；汝母不能书，每行一事，辄用鹅毛管，印一朱圈于历日之上。或施食贫人，或买放生命，一日有多至十余圈者。至癸未八月，三千之数已满。复请性空辈，就家庭回向。九月十三日，复起求中进士愿，许行善事一万条，丙戌登第，授宝坻知县。

十年光阴做了三千件善事，对每个人来说都是人生的一件大事，了凡想做一场回向法事还愿。可是不巧，此时的了凡正陪着李渐庵李大人出差不在家，这事就暂时放下了。

书中这位李渐庵，姓李，名世达，号渐庵，陕西人。按照时间推算当时应该是南京兵部右侍郎。明朝有两个首都，两套中央办事机构，南京兵部右侍郎相当于南京国防部副部长。李渐庵为官清正，和了凡挺投脾气的，是好朋友。了凡中举后曾经在李渐庵的军队中当过一段时间的参谋。"时方从李渐庵入关"可能就是这段时间一起去了陕西，入关有可能指的是过潼关。

一直到万历八年（公元1580年），了凡才回到了家里。心里惦记着操办中举的回向法事，再加上也想再许一个求子的愿，干脆两事并一事，就在嘉善县城的景德寺东塔禅堂，请性空、慧空两位大和尚主持了法事，为了求子，在佛祖面前许诺再做三千件善事。

好人有好报，这一次的喜事来得很快。转年，也就是万历九年（公元1581年）了凡48岁，喜得贵子，为了感谢上天的恩赐，给孩子取名叫袁天启。

前面咱们讲过，这一篇"立命之学"又叫"诫子文"，是了凡先生晚年写给儿子的家训。所以接下来书中的口吻是说给儿子听的。

"我每做一件善事就拿笔记下来，你母亲不识字，就想了一个法子，每做一件善事就用鹅毛在日历上画一个红圈。每天要不救济穷人，要不放生，有时一天要做十几件善事。"

转眼三年过去了，万历十一年（公元1583年）八月，三千善事就做完了。于是又请了性空大和尚来家里做了回向法事。同年九月，又在佛前发愿，求中进士，许诺做善事一万件。转眼又是三年，也就是万历十四年（公元1586年），再传喜讯，了凡高中进士，榜上有名，会试三甲第一百九十三名。朝廷任命了凡去宝坻县担任知县一职。

哈哈，真是替了凡先生高兴。这一节里了凡不但生了儿子，而且中了进士当了知县。了凡惜字如金，一小段就把这些事写完

第一篇
立命之学

了,但是这其间时间跨度之大,其中的艰难程度咱们有必要总结一下。

了凡36岁时在栖霞山中见云谷,立志行善改命,37岁中举,48岁生子,53岁中进士,55岁出任宝坻知县,整整用了19年。这期间都发生了哪些事呢?

咱们先说说了凡改名。

了凡中举的第二年,也就是隆庆五年(公元1571年),了凡就进京赶考参加会试。第一场的经义写得很好,取得了本房第一名的好成绩,但是二场三场考策论,就是按照八股文的格式写治理国家的议论文。写的内容很不顺主考官的心意,给了"五策不合式下第"的评语,就是说文章格式不规范,落榜。这不是胡扯嘛,当时的文人一辈子研究的就是八股文,内容写得好不好是一回事,格式哪里会不规范。明显就是随便找个理由不录取。当时发生了什么不得而知,反正因为这件事,袁表改了名字,从此叫袁黄,字坤仪,号了凡。

前面介绍过,了凡考举人,第六次才中举,考进士也是一样,第六次才中进士,开个玩笑也算是六六大顺呀。15岁就中了秀才,53岁才中进士,整整用了38年,这其中的艰辛大家可以想象一下。

了凡的一生是光明的一生,始终坚持着利他利己的行为规范,不但这样严格要求自己,也同样来教育儿子。为啥能这么说?咱们举例来说,比如回向,比如编写考试书籍,比如儿子袁天启,比如为民请命。

书中提到,了凡三次许愿,三次回向。回向到底是个什么样的法事,咱们介绍一下。

"回向"是佛家的一种修行,简单点说就是自己修的功德,愿意和大家一起来分享。就好比你有一个燃烧的火把,愿意大家都来你这取火种，把大家的火把都点着，不但照亮了自己，也照亮了别人。但是普通人都有自私的小心思，好东西不愿意分享。所以愿意做回向的人都是有大智慧、大心胸的人。

再来说编写考试书籍的事。前面说了，了凡考了六次进士，所以积累了大量的考试经验。一般人的心态肯定是掖着藏着，这位老兄不一样，谁问都认真解答，不仅这样，还把这些考试经验、心得体会编成了书叫《群书备考》，让所有的学子都能参考。这份心胸真是没得说。

再来看了凡怎么教育孩子，咱不说过程，看儿子袁天启长大后是怎么做的大家就明白了。

儿子袁天启，字思若，号素水。后来到了明熹宗继位，偏偏取年号也叫天启，这下子袁天启傻眼了，没办法，为了避讳只能改名袁俨，天启五年（公元1625年）袁俨考中进士，当了广东高要县的知县。

在任两年后，高要县暴发洪水，百姓受了灾，袁俨一直在现场忙着指挥救灾，累吐血了也不休息，终于不幸因公殉职。送葬的时候老百姓痛哭不止。史书记载"劳瘁呕血，犹亲民事，遂至不起……士民市喧，巷哭如丧所生"。可见是一位胸怀天下、一心为民的好官。

最后再说说为民请命的事。了凡中进士之后，并没有马上去宝坻当知县，而是在两年之后。为啥呢？因为得"候缺"，就是得等有官位空出来，至于等多长时间就得看人脉和运气了，你懂的。

不过这期间，朝廷也没让了凡闲着，让他以进士的身份清理核查苏州、松江一带的钱粮赋税情况，相当于现在的实地调研。了凡深入基层认真调查，洋洋洒洒写了厚厚的调研报告《苏松钱粮赋役议》上报朝廷，报告里提出赋税太重，百姓太苦，建议朝廷减轻赋税。这一下子可是得罪了上上下下的既得利益者，最后不了了之，没了下文，但了凡先生为民请命的心情可见一斑。

以上几件事，让我们看到了一位有良知的知识分子的光辉形象——心胸宽广，爱护百姓，堪称楷模。

现在有些公职人员，当了官就忘了初心，开始放飞自己。了凡先生可不是这样，对自己的要求更高了。那么了凡当官以后又是怎么做的呢？

15 袁黄当官

原文：

余置空格一册，名曰治心篇。晨起坐堂，家人携付门役，置案上，所行善恶，纤悉必记。夜则设桌于庭，效赵阅道焚香告帝。汝母见所行不多，辄颦蹙曰：我前在家，相助为善，故三千之数得完；今许一万，衙中无事可行，何时得圆满乎？

夜间偶梦见一神人，余言善事难完之故。神曰：只减粮一节，万行俱完矣。盖宝坻之田，每亩二分三厘七毫。余为区处，减至一分四厘六毫，委有此事，心颇惊疑。适幻余禅师自五台来，余以梦告之，且问此事宜信否？师曰：善心真切，即一行可当万善，况合县减粮、万民受福乎！吾即捐俸银，请其就五台山斋僧一万而回向之。

万历十六年（公元1588年），55岁的了凡先生怀揣知县大印，终于踏上了宝坻县的土地。宝坻县就是现在的天津市宝坻区。

现在的宝坻富足美丽，当年可十足是个穷地方，水灾频发，百姓流离失所。

了凡到任的第一件事，就是写了一篇《到任祭城隍文》，表达对这一方土地的敬意，立志为百姓谋福利。当然了凡也不敢忘记云谷禅师的教导，继续勤勤勉勉做善事，并认认真真记录下来。

这一次了凡特意重新拿了一本新的功过格，端端正正地在书皮上写上"治心篇"。早晨去县衙上班，也得让人带着放在办公桌上，这一天里做了哪些善事，哪些错事都一一记录在本子上。到了晚上回家，还要效仿赵阅道那样，在院子里摆上香案，把这一天所作所为向上天做个汇报。（赵阅道是宋朝人，《宋史》里有记载，此人为官正直，是一位贤士。）

一段时间以后，了凡先生的夫人看见善事做得不太多，就皱着眉头说："以前在老家的时候我还能帮着你做善事，三千件善事才能很快做完。现在你当了官，我也不方便出头露面了，整天在后衙里哪有那么多善事可做，这一万件善事什么时候才能做完呀？"此处需给袁夫人点赞，家有贤妻，男人的福气呀。

被夫人说中了心事，其实了凡对这事也挺发愁。俗话说，日有所思，夜有所梦。晚上睡觉的时候了凡做了一个梦，梦中见到一位神人，了凡赶紧把自己的心事向神人做了汇报。神人笑道："这事儿你不必发愁，只是你在宝坻县为百姓减粮减税这一件事，你的一万件善事就已经做完了。"

梦中惊醒。颇有点庄周梦蝶的感觉，不知道是神人托梦，还是自己胡思乱想。低头仔细想了想，还真有减粮这个事。当时宝坻百姓每亩地要缴二分三厘七毫银子的税，了凡同情百姓，认为赋税太高，上报朝廷给争取减到了一分四厘六毫银子。

就在了凡不知梦中之事可不可信的时候，恰巧幻余禅师从五台山来宝坻探望了凡。了凡就把梦里之事和禅师说了,问禅师这事能不能信呀?幻余禅师是了凡的同乡,也是多年的好友,后来在五台山修行。

禅师听后,说道:"只要诚心诚意地做善事,就是一件也可以顶一万件,何况老朋友你给全县的百姓减粮,受益的何止一万人呢,此事当然可信。"

于是了凡安心了,因为官职在身不便离开,就拿出一年的薪俸,请幻余禅师在五台山斋僧一万人,帮自己做一场回向法事。

至此,了凡三次许愿,三次还愿,功德圆满。

了凡不论当官与否,都做到了初心不改。不因为自己身份地位的变化,始终严格要求自己,在任五年,为宝坻百姓做出了重大贡献。

窥一斑而见全豹,举几个小例子大家就明白了。

第一件事:南稻北种。

当时的宝坻地处海边,遍布湿地,可耕种的土地很少,粮食做不到自给自足。民以食为天,朝廷只能南粮北运,这直接造成粮食价格很贵,而且当时运粮采用的是陆路运输,百姓负担的徭役也很重,

了解到这些,袁知县化身农业技术员,通过考察,利用宝坻水多的特点,变弊为利,制定了两条策略,第一疏通水道,改陆路运输为水路运输,降低物流成本,同时减轻百姓的徭役;第二试验把湿地改造成水田,在宝坻试种水稻,结果大获成功。短短几年硬是把宝坻变成了北方的鱼米之乡。

袁技术员还出了本书,叫《宝坻劝农书》,主要讲解怎么把握农时,怎么辨别土地是否肥沃,怎么播种,怎么沤肥,怎么制作农具,等等,都是很实用的农业技术。效果好不好,咱们看看

后人如何评价。清代林则徐在《畿辅水利议》中记述了凡先生在宝坻推行水田的情况:"宝坻营田,引蓟运河、潮(白河)水……虽少雨之岁,灌溉自饶。"

瞧瞧,如果不是心系百姓,作为高高在上的父母官哪能自降身价去干农民的这些事。

第二件事:济困助老。

了凡刚到宝坻的时候,宝坻已经连续五年水灾,年轻人大多逃难去了。留下的大都是孤寡老人和贫困户。这可咋办?了凡亲自摸底排查,登记造册,很快出台了数项措施。

第一项,政府出资建立养老院,让没有劳动力的老人住进去,解决孤寡老人的温饱问题;

第二项,政府组织以工代赈。当时县里财政也没啥钱,了凡让有劳动力的人去修水利工程,让老人看护堤坝,按照劳动量发给粮食;同时亲自起草公文,向朝廷申请给予养老的专用资金。

第三项,对于冒领养老金的家庭,通过劝诫,打消他们占便宜的想法。

第四项,对于在工程上、扶贫上吃拿卡要的官员坚决给予打击,该抓的抓,该撤的撤。

一系列的措施很快收到成效,官场作风一片清明,百姓赈灾自救的热情高涨,好多逃难的人又回到了宝坻参加建设。百姓都说宝坻来了个好官,有些百姓还给了凡立了生祠,史书有载:"公在任时民间皆私绘公像,饮食必祭,家家户祝,虽禁不能止也。"

第三件事:不贪名利。

了凡在宝坻期间,还发生了两件百姓传为祥瑞的事。万历皇帝信道,民间如果有祥瑞出现,上报朝廷,满足了皇帝的虚荣心,皇帝一高兴,上报的地方官就会受到嘉奖。

第一篇
立命之学

第一件是野谷子祥瑞。了凡积极组织抗洪抢险。在洪水退去之后,田间地头莫名其妙地长出来一种野草,当地人都没见过,很快就长得到处都是。这种野草的种子能吃,味道还不错,有的穷人靠这个渡过粮荒。下面人都劝了凡上报朝廷,说这是袁知县一心为民,感动上天带来的祥瑞。

了凡不但坚决拒绝了,而且还写了一篇《野草解》,文章对这种野草从科学角度进行了阐述,说这就是一种野谷子,不是我带来的祥瑞,还发布公告号召百姓要爱惜这种野谷子,不要吃饱肚子就浪费粮食。

第二件是求雨祥瑞。水灾后面一般都连着旱灾,这个道理现代人都知道。果然,水灾结束,宝坻大旱,三个月不下雨,农作物都快枯死了。了凡亲自写了一篇《祷雨自责文》,登坛祭天求雨,当众宣读,文中把不下雨的责任全部揽到了自己身上,连提了40多个为什么,内容全部是批评自己的错误。

也是神奇,史书记载:"时不雨三月矣。祷毕,白日方烈,阴云忽生,公未旋车大雨如注。明日又雨,四郊沾足。遂成丰年。"祷告完毕,刚刚太阳还在,突然阴云密布,了凡都没来得及上车,大雨就下来了。第二天又下了一场,灾年变成了丰收年。这事儿老百姓认为是袁知县感动了上天,是祥瑞。了凡依然没有上报朝廷。

功绩还有很多,比如在海边种柳树防洪,减轻运输皇木的徭役,上奏朝廷请求废除酷刑,等等,就不一一列举了。作为明代的思想家、文学家,了凡做事不仅仅停留在嘴上,笔上,而是真正将所学的儒学、善学、禅学、心学思想全部用于实践。在政治、经济、农业、教育、军事、水利、税务、刑事等各方面,全都有自己的见解并对当地的发展做出了重大贡献。

在任五年，了凡升迁去了北京兵部任职。了凡离开宝坻后，学生刘邦谟、王好善二人将了凡在宝坻期间所写的公文、政令和案卷等编辑成书，取名《宝坻政书》，此书记载了袁黄知县在宝坻的丰功伟绩，这本书一直流传至今，在2004年由书目文献出版社重新出版。有兴趣的朋友可以找来读读。

知行合一，了凡真乃大丈夫也！那么离开宝坻后了凡先生又做了什么呢？我们一起去看看。

16 寿命没求也增加了

原文：

孔公算予五十三岁有厄，余未尝祈寿，是岁竟无恙，今六十九矣。书曰：天难谌，命靡常。又云：惟命不于常，皆非诳语。吾于是而知，凡称祸福自己求之者，乃圣贤之言；若谓祸福惟天所命，则世俗之论矣。

孔先生给了凡算命，林林总总地算了一辈子的事，咱们捡重点的总结四点。分别是：科举考试最高可以考到贡生；当官最高可以当个县长；命中没有儿子；最多活到53岁。

了凡接受了云谷禅师的立命之学后，修身养性，行善积德，改变了自己的命运。咱们也总结一下：科举考试先后中了举人和进士；当官最高做到了正六品的兵部主事；生了个出息儿子袁俨；现在都69岁了还在写书呢。

不比不知道，一比吓一跳，了凡确实打破了定数，改变了命运。下面咱们看看了凡先生自己是怎么说的。

第一篇
立命之学

"孔先生算我五十三岁的时候寿终正寝,我也从来没有许愿求过寿,到了五十三岁的时候竟然一点事都没有,今年都活到六十九岁啦。"

说这些话的时候,了凡的内心应该是不平静的,本来以为这辈子当年就过去了,可是却没啥事,不但没啥事,有意思的是恰恰在那一年还中了进士,实现了当时读书人的最高理想。后来还当知县,抗倭援朝,着实的干了一番大事业。这些让了凡对"立命"有了更深的理解,于是他接着说了下面一席话。

"《书经》说:'天难谌[chén],命靡常。''惟命不于常。'就是说天意很难去预料,天命不是永远不变的。人的命运也不是永远不变的。这些都不是骗人的话。我现在终于明白了,凡是说祸福都是自己求来的,都是圣贤说的话;凡是认为人的命天注定的,都是凡夫俗子说的话。"

上面的一段话,是对本篇"立命之学"的总结,是对了凡先生"命由己作,福自己求"立命观点的再一次的肯定和呼应。

再一次为了凡先生点赞!

我一直有这样一个观点:如果你想认认真真读一本《了凡四训》这样的哲理书,最重要的当然是读明白书中表达的核心思想。但除此之外还有二件事也很重要。第一是历史背景;第二是作者生平。离开了历史背景谈思想那是雾里看花,离开了作者生平看内容都是水中捞月。

先简单聊聊了凡生活的那个历史时期。

大明朝从洪武元年(公元1368年)正式开始,到崇祯十七年(公元1644年)结束,一共经历了276年,前前后后经历了十六个皇帝。了凡就生活在明中晚期。

大明朝前期发展得相当不错,洪武之治、永乐盛世、仁宣之治,几代皇帝把国家治理得有模有样的。

到了正统、景泰、成化三朝经历了土木堡之变、夺门之变，内忧外患地一通折腾，大明朝由盛转衰。

一直到了明孝宗继位，整顿朝纲，勤俭爱民，大明朝又缓过来了，史称弘治中兴。

好日子不长，败家子明武宗继位了，这位荒唐皇帝不但折腾国家还折腾自己，最后把自己都折腾死了。

接下来是嘉靖、隆庆、万历三朝。咱多说点，因为了凡主要经历的时代就是这一时期。

嘉靖皇帝刚继位时还挺卖力气的，因为明武帝给留了个烂摊子，不努力屁股坐不稳。等坐稳了江山，从此不上朝一心求道去了。一把手不上班了，坏事一起都来了。先是蒙古鞑靼部抢劫都抢到北京边上了，明军追击的时候又中计吃了败仗；然后倭寇在沿海一带抢劫，你说这国家好得了嘛。就在嘉靖帝开始不上朝的前一年了凡出生了，在嘉靖一朝了凡确实过得也不咋顺利。

历史总是起起伏伏的。到了隆庆一朝，又出了个明君明穆宗，启用了名相张居正，革除弊政，爱惜人才，一时间国家治理的气象一新，名臣名将汇聚一堂，陆上与蒙古达成和议，史称俺答封贡；海上对外开放民间贸易，史称隆庆开关；因为这两项措施，明朝又重现中兴气象，史称隆庆新政。不知道是不是这个原因，隆庆年间，了凡也是好事连连，隆庆元年考上贡生，隆庆三年走访云谷接受了立命之学，隆庆四年中举。

可惜明穆宗命短，只在位五年就病死了。年幼的万历皇帝登基了，张居正辅政了十年。万历皇帝成年亲政后也还勤快了几年，前后这二十年左右历史上称为隆万革新。这以后，万历因为立太子的事，还有其他一些事儿和大臣们闹别扭，从此不上朝了，

第一篇
立命之学

三十多年就猫在深宫，万事不理，偏偏他还在位时间最长，达到四十多年。从此大明朝走向没落，后世史学家评价，大明朝实际亡在了万历手上。

再后来还有三任皇帝，明光宗仅在位一个月就死了，只留下一个红丸疑案；天启帝更是个糊涂蛋，重用宦官魏忠贤，打击读书人，一时间鸡飞狗跳；到了最后一个皇帝崇祯，他倒是想干点正事，可是实力不允许呀，最后吊死在煤山歪脖树上，大明朝亡了。

历史背景清晰了，就好剖析了凡先生写书的目的了。

从上面可以看到，了凡经历了嘉靖、隆庆、万历三朝。当时朝廷在政治上是时而清明、时而混乱，除了隆庆、万历初期那十几年，其他时间基本上属于靠惯性推着走，这直接导致了民间的道德体系紊乱。

为国为家，以了凡为代表的一大批社会精英看在眼里，急在心上。可是又改变不了朝廷，只能通过编制"善书"，通过寺院、道观，甚至是评书、说唱艺人大力宣传，用民间的手段为教化百姓尽一份力量。换个说法，儒家讲究修身、齐家、治国、平天下，当时的背景下治国、平天下根本不给你机会，退而求其次，也只能在修身、齐家上下功夫了，好歹对得起儒生的名声，真是难为了凡先生了。

写善书，传播善文化，用通俗的形式将百姓的道德具象化，办法是简单了点，也透着一丝无奈，但效果那是杠杠的。了凡带了个好头，众多的有识之士也纷纷加入其中，江南地区的读书文化、慈善文化蓬勃发展。

了凡去世后，了凡的女婿陈龙正还建立了同善会馆。同善会馆是江南最早的民办慈善组织，为民间慈善事业的兴盛起到了指导作用。

了凡先生的《了凡四训》对后世善事思想的兴盛具有划时代的意义。直到今天，中国大陆、台湾、香港等地，乃至于日本和东南亚等国仍然对这本书推崇备至，还有多达几十家专门机构开展研究了凡先生和他的《了凡四训》的工作。

"立命之学"的主要内容到此就介绍完了。最后一讲是了凡先生对儿子袁天启的殷殷希望，都说了什么呢？

17 立命之学永流传

原文：

汝之命，未知若何？即命当荣显，常作落寞想；即时当顺利，当作拂逆想；即眼前足食，常作贫窭想；即人相爱敬，常作恐惧想；即家世望重，常作卑下想；即学问颇优，常作浅陋想。远思扬祖宗之德，近思盖父母之愆；上思报国之恩，下思造家之福；外思济人之急，内思闲己之邪。

务要日日知非，日日改过；一日不知非，即一日安于自是；一日无过可改，即一日无步可进。天下聪明俊秀不少，所以德不加修、业不加广者，只为因循二字，耽阁一生。云谷禅师所授立命之说，乃至精至邃、至真至正之理，其熟玩而勉行之，毋自旷也。

讲解本节之前先来探讨三个问题。

一、人与动物最大的区别是什么？

二、普通人与成功的人最大的区别是什么？

三、成功的人和精英最大的区别是什么？

别误会，咱这里不讲成功学。直接上答案。答案分别是思想、

第一篇
立命之学

思想、思想。晕吧？别急，咱们一起来剖析。

第一个思想，讨论的是有没有思想的问题。因为拥有完善的思想，人类才从动物中脱颖而出，创造了辉煌的人类文明，这也是人与动物最大的区别。

第二个思想，讨论的是有思想，但用不用的问题，也就是"惰"的问题。咱们常说懒惰，其实"懒"和"惰"不同，懒是外在的，说的是身体的行动力；惰是内在的，说的是思想的行动力。人都有思想，有的人有脑子也不用，人云亦云，注定当个普通人；有的人善于动脑子，凡事有自己的见解，这样的人一般都会成功。

第三个思想，讨论的是怎么用思想的问题，也就是"傲"的问题。思想上不惰，用了，就成功了。但是如果成功后傲了，成功也就到头了，弄不好还万劫不复；用了，成功了，仍然能保持谦虚谨慎，不断反省，不断改进，注定成为精英。

归根结底，两个字是核心，一个"惰"字，一个"傲"字，这是人生成功与否和成功到哪种程度的两块拦路石。跨不过去一生平庸，跨过去了海阔天空。

了凡知道儿子袁天启在"惰"字上没啥问题，所以重点在"傲"字上对儿子再三叮嘱。我们一起来学习一下，看看了凡先生是怎么教育孩子的。

了凡说："孩子，你将来的命运也不知道会怎样。可是即便你将来命里能飞黄腾达、大富大贵，也经常要想着可能有贫困潦倒、一贫如洗的时候；即便你一时顺风顺水、百事顺利，也经常要想着可能有陷阱重重、大难临头的时候；即便你当下腰包鼓鼓、丰衣足食，也经常要想着可能有一粥一饭、来之不易的时候；即便人们宠你爱你、敬你护你，也经常要想着可能有憎你恨你、辱你毁你的时候；即便你家世显耀、德高望重，也要经常想着谦虚谨慎、低调做人；即便你学问优秀、才高八斗，也要经常想着在上不骄，满而不溢。"

看到了吧，教给儿子的全部都是如何去掉"傲"的方法和途径。接下来，了凡又对儿子的人生目标提出了建议。

了凡说："往远说，要能发扬祖宗的德行，往近说，要能包容父母的错误；往上说要能报效国家，往下说，要能造福家族；往外说，要能帮助他人渡过难关，往内说，还要防止自己走上邪路。"

远近、上下、内外，从小心意到大格局，面面俱到，了凡先生作为父亲的一番苦心，令人佩服。努力方向帮着儿子规划了，了凡还不放心，必须要给出实现目标的渠道，真是可怜天下父母心。

了凡是这样说的："务必要天天反省自己的缺点错误，天天去加以改正。一天不知道自己的过失，就一天安于现状，一天没有错误可改，就一天没有进步。天底下聪明伶俐的人很多，但是很多人都不认真地去修身养性，不勤奋地发展学业、事业，都是因为懒惰和傲慢，耽误了自己的一生。云谷禅师传授的立命学说，是人生的真理，你不但要认真去学，还要努力去做，千万不要放纵自己，误了终身。"

短短一篇诫子文，凝聚了了凡先生一生的大智慧。了凡的一生是上进的一生，是光明的一生，不愧于后世之人给予的思想家、文学家的称号。了凡的姓名虽然不见于明史，但他的著作和事迹能流传近五百年，足以说明后世之人对了凡先生所作贡献的认可。了凡先生和他的《了凡四训》，从非官方途径对百姓进行教化和影响，到了今天仍然是一个重要研究课题，其对于今天的家风、民风乃至于政风建设具有深远的意义，必然会受到越来越多有识之士的重视和认可。

本篇的最后，我们对了凡先生对社会和国家的贡献简单总结一下。

第一，最具影响力的善事思想之一。《了凡四训》是最具影响力的劝善书，没有之一，被誉为"东方第一励志奇书"。曾国藩对《了凡四训》最为推崇，读后改号涤生，曾国藩是这样说的："涤者，取涤其旧染之污也；生者，取明袁了凡之言：'从前种种，譬如昨日死；从后种种，譬如今日生也。'"并把这本书定为曾家子弟必读的第一本开启人生智慧的书。

第二，极大地推动了江南教育事业的发展。了凡作为一名成功的读书人，一生著作很多，涉及政治、军事、农业、历法、哲学等多个领域。他编写的《群书备考》《四书疏意》等一批科举参考书影响了江南一带的科举考试。万历年间是嘉善历史上人才辈出、群星璀璨的年代，光进士就出了29名之多，了凡起到了推动的作用。

第三，对佛经的传世做出重大贡献。了凡和紫柏、密藏、幻余等佛门高僧共同发起倡议，并组织刊印了《嘉兴藏》。《嘉兴藏》是我国编纂刊印的大藏经中收录内容最多的一部，其大量收录了先前的大藏经未曾收录的佛教典籍。同时，它又是我国第一部方册本大藏经，标志着经本形式的改革，是佛经向现代化装裱方式过渡的表现。

第四，为从政之人做出了榜样。了凡在宝坻知县任上全心全意为百姓谋福利，堪称楷模。后来升任兵部职方司主事，随李如松一起去朝鲜参加了抗倭援朝。平壤战役胜利后，了凡禁止李如松手下杀平民冒功，因此得罪了主将李如松，李自己带兵离开，派了凡守平壤，结果日军偷袭，李如松不发救兵，逼得了凡带领不多的朝鲜兵艰难守城，在了凡的筹划下守城成功。但是李如松不给了凡记功，还向皇帝告了黑状，了凡因此被罢官。

这一段冤屈一直持续到万历皇帝驾崩。天启元年，了凡已经死去多年，朝廷才为了凡平反，承认了了凡在抗倭援朝中的功劳，追封了尚宝司少卿的职务。到了清乾隆二年（公元1737年）为了纪念了凡先生的贤德，朝廷恩准将了凡先生的牌位放入魏塘书院的六贤祠供奉。

"立命之学"到此全部讲解完毕。下面我们继续开启《了凡四训》的第二篇"改过之法"。

第二篇 改过之法

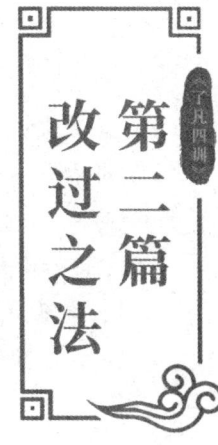

有错即改,
那自然便不会犯下大的过错

01 为啥积善之前要改过

原文：

春秋诸大夫，见人言动，亿而谈其祸福，靡不验者，左国诸记可观也。大都吉凶之兆，萌乎心而动乎四体，其过于厚者常获福，过于薄者常近祸，俗眼多翳，谓有未定而不可测者。至诚合天，福之将至，观其善而必先知之矣；祸之将至，观其不善而必先知之矣。今欲获福而远祸，未论行善，先须改过。

开讲之前，先聊出处。这一篇"改过之法"和下一篇"积善之方"其实都来源于了凡所著的《祈嗣真诠》。原名叫"改过第一"和"积善第二"。问题出来了，为啥"改过"一定要放在"积善"前面呢？了凡先生是怎么想的呢？

"改过之法"开篇，讲的就是这个重要问题，我们一起来学习一下。

"春秋时期的很多士大夫，都有一个大本事，就是通过观察人的一言一行，大体上能推测这个人今后的吉凶祸福，大到一个国家的兴衰，小到一个人的祸福。不但能预测兴衰祸福，而且测得那叫一个准。不信？《左传》《国语》等古籍里都有大量记载，你自己可以去看。"开篇就很霸气，直奔主题。

春秋时期对于国人来说，非常特殊。为啥？因为二千五百多年前的那个时期是中国哲学思想最辉煌的时期，用群星璀璨，气象万千一点都不过分。道家、儒家、法家、墨家，家家兴盛；老子、孔子、韩非子、墨子，子子争鸣。这还只是代表人物，其他的名家、名人多如星斗，这要全写上，绝对的大咖聚会。

为啥说春秋时期的牛人们能准确地预测人的吉凶呢？

第二篇
改过之法

了凡先生这样写道:"所有的吉凶祸福都有前兆。这种征兆一定是先在心里萌芽,然后从说话、做事上反映出来。一个人如果心地善良、待人厚道,能处处为别人着想,此人必有后福;一个人如果心胸狭窄,对人刻薄,凡事都只顾着自己,此人离惹祸就不远了。普通人不懂得这个道理,就像眼睛得了白内障一样,自己看不清楚,还到处说我咋没看出来呢。"

好神秘呦。其实道理就这么简单。啥道理?说白了,就是大家常说的"相由心生"。咱得把话说清楚了,这个"相"指的可不是长相,人长得好看不好看那是爹妈给的,与你是善是恶没有一毛钱关系,不然大家都整容去了。

这个"相"指的是人的气质,是一个人内心的外在表现。咱们常说的某某有富贵气,某某有书卷气,说的就是这个。当然了,还有一种特殊情况,某些人掩饰得特别好,你短时间内还真看不出来,这就是所谓的"伪君子"了。伪君子就是小人,不过这种人比"真小人"还可恶一万倍。

看气质而知内心,断其善恶,是一门大学问。能去看别人,当然也能看自己。怎么掌握真才实学,不被人骂成江湖骗子呢?那要做到"至诚合天"。直译是用至诚之心去合于天道。我认为不如解释为用最真诚的本心去看世界的本质,更好理解一些。本质都看破了,征兆啥的自然不在话下。

了凡先生继续写道:"这点做到后,当你看到一个人言善、行善,判断他是否心善,就可以推测出他的福报就快来了;同样的道理,当你看到一个人言行不善,进而判断他心恶,就可以推测出他的厄运就快来了。"

大道至简。其实大千世界,万事万物,大到宇宙奥秘,小到家长里短,看起来特别复杂,复杂到一想就脑袋疼,但当你把它理顺以后，就笑了，哦，原来这么简单，因为一切都是取决于你的"心"。举个不恰当的小例子，你的爱人冲你发火，当你心情不好的时候，看他（她）怎么这么可恶呢；当你心情好的时候，再一看，哎呀，他（她）怎么连发火都这么可爱呢。

推而广之，你的心向善，自然气质上呈现出一脸的祥和；你的心向恶，脸上自然会带出阴暗。老百姓常说的这人"挂相""一脸的贼像"就是这个道理。其实，现代心理学对微表情的研究，对言谈举止对应心理状态的研究，包括测谎仪的发明，基于的都是这个原理。至于准不准，那完全是道高一尺、魔高一丈，还是魔高一尺、道高一丈的问题了。

好了，讲到这里，如果你接受了"立命之学"的理念，想改变命运，也知道了修养心性，行善积德是重要途径，那在积善之前要做哪些准备呢？了凡先生给了答案，来学习一下。

了凡说："今欲获福而远祸，未论行善，先须改过。"意思是说现在你要是想获得福报，远离灾祸，在准备行善之前，必须先改正自己的错误。

这里有两层意思。第一层，只有通过改过，才能把自己的"俗眼"变成"慧眼"，有了这个本事，才能认清善恶的本质，为自己的积善奠定基础，不然因为分不清善恶，本是一件恶事却当成善事去做了，那就悲催了；第二层，通过改过，获得新生，免得自身的善恶交织在一起，做起事来不果断、不通透，不纯粹、不光明，好事做成了坏事，那更悲催。这就是积善之前，必先改过的原因。

饭要一口一口地吃才舒服，事要一件一件地做才顺溜。了凡先生为了我们大家能生活得更幸福，那真是操碎了心，就怕大家听不懂，走错了路。开篇写的就是行善之前为啥要先改过。

第二篇
改过之法

后面更是掰开揉碎地讲如何改过。如何树立信心。这里先剧透一下，了凡把改过之法分为两步，首先要培养自己的"耻心""畏心""勇心"三心，才能下大决心；然后从"事上改""理上改""心上改"三条途径实现改过自新的伟大目标。那么具体怎么去做呢？

02 人要有羞耻心，可别成了禽兽还不自知

原文：

但改过者，第一、要发耻心。思古之圣贤，与我同为丈夫，彼何以百世可师？我何以一身瓦裂？耽染尘情，私行不义，谓人不知，傲然无愧，将日沦于禽兽而不自知矣；世之可羞可耻者，莫大乎此。孟子曰：耻之于人大矣。以其得之则圣贤，失之则禽兽耳。此改过之要机也。

了凡认为："凡是要改过的人，第一，要发耻心；第二，要发畏心；第三，需发勇心。"这里说的改过三心是个递进关系，不是并列关系。也就是说"发耻心"要排在第一位，也必须排在第一位，这个顺序不能错。那么什么是"耻"？为啥"耻心"要排在第一位呢？

先从心理学的维度讲。心理学是这样给羞耻下定义的：羞耻是一种自我意识情绪，是人类最负面的情绪，是最不容易被自己承认，也是最难以释放的情绪。连续三个最字说明了一切。小伙伴们可以在一起谈论自己的恐惧、愤怒、悲伤，但基本不愿意分享羞耻，因为说起羞耻，就让我们自己感觉很羞耻。可见羞耻在所有负面情绪中是最重的。

除了羞耻以外，内疚也属于自我意识情绪。但羞耻和内疚对人的负面影响简直就不在一个档次上。做个对比，内疚：对不起，我犯了一个错误；羞耻：对不起，我就是个错误。心理学家荣格说："羞耻是人类灵魂的沼泽地。"因为羞耻感会在心里一直冲你喊：你以为你是谁啊？你永远都不够好！

再从东方哲学的维度讲。老祖宗们对耻的论述就更多了，孔子说："行己有耻，使于四方，不辱君命，可谓士矣。"又说："好学近乎知，力行近乎仁，知耻近乎勇。"孟子说："耻之于人大矣。"又说："人不以无耻，无耻之耻，无耻矣。"还有很多，再写我都掉羞耻窝里了。

说到羞耻心，咱们讲个有意思的故事。明代心学大师王阳明有一次坐船，非常不幸，让土匪给打劫了。劫匪听说这位就是提出"致良知"的王阳明，就调侃先生："你不是讲良知吗？你看我有良知吗？"

阳明先生说："有。"

土匪乐了，继续调侃说："那你说说我的良知在哪？"

阳明先生说："你把衣服脱了，我证明给你看。"

土匪还真不含糊，说脱就脱，谁怕谁呀！外衣、内衣，脱到裤衩了，劫匪不脱了。

阳明先生说："咋不脱了？脱了我告诉你。"

劫匪说："船上这么多人，男男女女的脱光了有点不好吧？"

阳明先生笑道："看，你还知道害羞，这就是知耻，懂得羞耻就是你的良知呀。"

可见，羞耻心是改造命运的开端和关键，是改过自新的第一动力。

一起来学习原文："但凡想要改过自新的人，第一就是要激

第二篇
改过之法

发出自己的羞耻心。大家看看古代的圣人贤士，和我一样都是男子汉大丈夫，人家为啥能流芳百世，大家都尊敬他、爱戴他，我咋就混得像个摔碎的破瓦罐，一文不值呢？"

"究其原因，就是过分沉溺在五欲六尘里，不能自拔；就是老想偷着干那些不仁不义的坏事，以为没人知道，还腆胸迭肚、一脸傲色、不知惭愧。渐渐沦落成衣冠禽兽自己都不知道。这世上最让人感到羞耻的事，还有比这个更大的吗？孟老夫子曾经说过：'作为人，最大的事是要知耻。'因为有羞耻之心才有机会成为圣贤，没有羞耻之心的人只会沦为禽兽。这就是改过的关键。"

前面讲了激发羞耻心的重要性。下面再说说容易丢掉羞耻心的原因。了凡先生认为原因有两个，一个是"耽染尘情"，一个是"私行不义"。说白了一个是受享乐驱使，一个是受利益驱动。

先讲讲第一个原因。

"耽染尘情"。"耽"是过分的意思，"染"是沾染，"耽染"直译是过分沾染，放在语境里就是贪恋。"尘情"指五欲六尘。连起来讲就是：贪恋五欲六尘带来的享乐。

五欲是指财、色、名、食、睡。说老实话，这五样谁都缺不了，但是一定不能过分，贪恋了就会迷失自我。

比如财，人生在世，谁都离不开钱。关键看钱的来路，正道得到的钱完全没问题，挣得开心，花得放心。偷的、抢的、骗的、贪的，丧失了道德底线，过分了人就进去了，也就失去了。

比如色，这里的色，不是狭义的色眯眯的色，而是佛家所指的物质世界，当然也包括人的肉体。大千世界是我们幸福生活的家园，但是迷恋于花花世界，着迷于美女，迷恋于高档用品，沉迷于游戏，玩物丧志，就堕落了；

比如名，现在好多人想出名，甚至有人过分到不知羞耻地说：

不能青史留名，也要遗臭万年，这想法太恐怖了；还有的人想要好名声，这很好，但是也不能过分，过分了就成了贪图名利，沽名钓誉，离着身败名裂就不远了。

比如食，人活着必须吃，吃好才能健康。但是贪吃就有问题了，吃多了肥胖就来了，病来了，健康就完了。还有人啥都敢吃，什么稀奇吃什么，瘟疫来了，害人害己。

比如睡，有人可能会奇怪了，睡觉怎么成五欲之一了？充足的睡眠当然是正常的生理需要，因为可以让身体得到休息，保持精力的旺盛；但是如果贪睡，就成了懒惰，不但虚度光阴，还容易伤害身体，丢掉志向。

以上说的是"五欲六尘"中的五欲，下面说说六尘。

说六尘之前必须先讲六根。六根是眼、耳、鼻、舌、身、意。眼是视根，耳是听根，鼻是嗅根，舌是味根，身是触根，意是念虑之根。佛家讲若想到达西方极乐世界，必须要六根清净。怎么六根清净？和打扫卫生一个道理，扫除灰尘呗。

这样六尘的分类就出来了，指的是对应人六根的色尘、声尘、香尘、味尘、触尘、法尘。因为它们具有污染心境，让人不得清净的作用，就像尘土一般，所以称为"六尘"。禅宗的神秀大师说："身是菩提树，心如明镜台。时时勤拂拭，勿使惹尘埃。"这里的尘埃指的就是这个"六尘"。

其实无论是财、色、名、食、睡等五欲，还是色、声、香、味、触、法等六尘，并不是它们自身不好，而在于人心不足蛇吞象。所以我们每天生活在五欲六尘之中，应该像神秀禅师那样，时时刻刻地打扫一下自己的心，千万别过分贪恋这些外物，庸人自扰，让自己的心不得清净。

再讲讲第二个原因。

"私行不义"。不义是不道德的事，不道德的事当然不能做，何况明明知道不能做还偷着做。因为这样做既不合天道，也违反社会规范。古人讲："君子抱仁义，不惧天地倾。"俗语说："不做亏心事，不怕鬼叫门。""多行不义必自毙"，亏心事做多了，麻烦自然就找上门了。

了凡先生讲的"耽染尘情""私行不义"这两种容易丧失羞耻心的原因，分别对应了羞耻心的自我属性和社会属性。大家多体会体会。

这一节，了凡先生将"耻心"讲得很是透彻，那么"畏心"又讲些什么呢？

03 人要有敬畏心，想想挺可怕的

原文：

第二、要发畏心。天地在上，鬼神难欺，吾虽过在隐微，而天地鬼神，实鉴临之，重则降之百殃，轻则损其现福，吾何可以不惧？不惟此也。闲居之地，指视昭然。吾虽掩之甚密，文之甚巧，而肺肝早露，终难自欺。被人觑破，不值一文矣，乌得不懔懔？不惟是也。一息尚存，弥天之恶，犹可悔改。古人有一生作恶，临死悔悟，发一善念，遂得善终者。谓一念猛厉，足以涤百年之恶也。譬如千年幽谷，一灯才照，则千年之暗俱除。故过不论久近，惟以改为贵。但尘世无常，肉身易殒，一息不属，欲改无由矣。明则千百年担负恶名，虽孝子慈孙，不能洗涤；幽则千百劫沉沦狱报，虽圣贤佛菩萨，不能援引。乌得不畏？

羞耻之心有了，还不够。第二步还需要激发自己的"敬畏心"。

"畏"是个会意字，从甲骨文的字体来看是一个鬼拿着棍子打人。鬼就够可怕的了，还拿着棍子要打人，就更可怕了。让人又敬又怕，就是这个意思啦。

这一节里，了凡先生写了三种情况下，特别要注意保持"敬畏心"。第一种，人生在世，始终要怀着一颗敬畏的心；第二种，哪怕没人看见的时候，也要保持敬畏心；第三种，如果想改过，改过的时机把握上也要有敬畏心。分别讲解。

了凡写道："要激发自己的敬畏心，皇天在上，后土在下，人做事，天在看，满天的鬼神你骗了谁。即便犯的过错很小，老天爷也看得清清楚楚，给你来点狠的，让你万劫不复；给你来点轻的，也减少你现在的福报，你说我哪敢不敬畏呢？"

这一部分说的就是通常情况下为啥要有敬畏心。有没有鬼神咱们姑且不论，就拿现在讲，科技发达了，各种大数据，定位，人脸识别层出不穷。信息时代了，你说的每句话，办的每件事，走的哪条路，都有记录和痕迹，办点坏事都能查到，之所以没找你，只是时候未到罢了。哪里还用鬼神来看着你。所以时刻心怀敬畏，可以少犯错误。

了凡接着写道，"其实还不止这些，就是你一个人待着的时候，神明也是无处不在，就是错事办得很隐秘，掩盖得很巧妙，也早就暴露无遗了，关键是你能自欺欺人吗？一旦被人发现了，身败名裂，你说我哪敢不敬畏呢？"

这部分说的是无人监督下为啥也要有敬畏心。"终难自欺"，关键点在于你骗得了别人骗不了自己呀。在上一篇"立命之学"里云谷禅师说过，大恶之人命数拘他不住。可是人活在世上，谁敢说自己是个纯恶之人？如果不是，那你干一件坏事没觉得咋地，

第二篇
改过之法

年轻时玩命干坏事也没觉得咋地,可是等你坏事干多了,上了年纪了,一定会受到良心的谴责,心绪不宁,就见着这种人烧香拜佛,偷着往庙里跑,干嘛去了?良心过不去,心里难受呗。您想想是不是这个理儿。

对于没人监督时,如何保持自己的道德水准,儒家还有专门的功课,就叫"慎独"。这是一种重要的修养方法,讲究的"须臾不离道",就是时时刻刻要严格要求自己。有修养的人越是没人监督,越要严格要求自己,强调的是人的自觉性。通过这样的自律,完成内心的自我约束,让自己达到理想的道德境界。

了凡再继续写:"还不止这些,人只要还有一口气在,你就是这一生罪恶滔天,还是有机会悔改的。古时候有一个人一辈子作恶,临死的时候猛然醒悟,发下一个善愿,就得到了善终。这一个大善愿就弥补了一生的罪恶。就好像千年的深渊,拿一个大灯一照,千年的黑暗一扫而光。所以说改过不分时候,只要改了就难能可贵。"

这一段话,了凡是想告诉大家,改过没有早晚,只要改了就有效果。佛家说:"放下屠刀,立地成佛。"说的也是这个道理。《水浒传》在第一百一十九回有一段描写鲁智深圆寂的偈子,是这么说的"平生不修善果,只爱杀人放火。忽地顿开金枷,这里扯断玉锁。咦!钱塘江上潮信来,今日方知我是我。"这一段和了凡先生讲的道理是不是很贴切?

但是,凡事就怕一个但是。这个世界上总是有那么一些人,爱耍小聪明,钻空子,既然改过啥时都不晚,那我着啥急呀,放纵自己多自由呀,先享受着呗,等临终的时候再忏悔也来得及,大不了做一件大善事不就平安无事了吗?了凡先生就怕有些人动这个念头,误了自己的一生,他接着讲了万一自误的后果。

了凡讲:"但是,啥情况都有可能发生呀,人呀挺脆弱的,万——一口气上不来过去了,就是想改也改不了喽。在人世间要担负着千百年的骂名,虽然家有好儿孙,也不能除去骂名;在阴间那就更惨了,在地狱里要受尽千百次的劫难,就是圣贤、佛祖、菩萨都没有办法帮助超脱。你说我哪敢不敬畏呢?"

哈哈,还想着走捷径不?还抱着偷奸取巧的想法不?地狱里的事咱们看不见,可是秦桧两口子的雕像可是在岳飞墓那跪了千年了。这里还真有一个真实的故事能对号入座。

乾隆十七年,一个叫秦大士的人高中状元,上殿觐见皇帝的时候,乾隆问他:"你姓秦,是秦桧的后代吗?"这咋回答?回答是,状元肯定没戏了,回答不是,有欺君之罪。秦大士急中生智,含糊了一句:"一朝天子一朝臣。"乾隆哈哈大笑,没有当场追究秦大士的辩解。

事后乾隆皇帝还是派人查了秦大士的家谱,还真有关系,秦大士的先祖正是大奸臣秦桧的哥哥秦梓,可是这位秦梓与秦桧不同,是一位清官,官声很好,秦大士这才过了这一关。

后来,秦大士和几个好友游岳飞墓,朋友们调侃他,说你这秦氏后人到了这里得表个态呀。秦大士倒是君子坦荡荡,挥笔写下一副对联:"人从宋后羞名桧,我到坟前愧姓秦。"

其实,秦桧的曾孙秦钜一家老少都为南宋一朝战死沙场,为国捐躯,是难得一见的忠臣。妥妥地验证了了凡先生的那句话,"明则千百年担负恶名,虽孝子慈孙,不能洗涤。"

这一节讲了改过要具备的第二心"敬畏心",接下来讲改过需要具备的第三心"勇心"。那么为什么还要具备"勇心"呢?

第二篇
改过之法

04 人要有勇心，不过别用错地方

原文：

第三、须发勇心。人不改过，多是因循退缩；吾须奋然振作，不用迟疑，不烦等待。小者如芒刺在肉，速与抉剔；大者如毒蛇啮指，速与斩除，无丝毫凝滞。此风雷之所以为益也。

具是三心，则有过斯改，如春冰遇日，何患不消乎？然人之过，有从事上改者，有从理上改者，有从心上改者；工夫不同，效验亦异。如前日杀生，今戒不杀；前日怒詈，今戒不怒；此就其事而改之者也。强制于外，其难百倍，且病根终在，东灭西生，非究竟廓然之道也。

具备了羞耻心、敬畏心就明白了哪些事能干，哪些事不能干。那么接下来要解决的就是干不干的问题，这就要求具备第三种改过的心态：勇心。

了凡写道："第三，必须要有勇猛之心。人明明知道了自己的过错，却没有及时去改正，往往因为种种畏难情绪而拖延退缩。我们必须振作起来，勇猛前进，不要迟疑，不要等待。小的过失就像手上扎了个刺儿，要赶紧把它拔下来；大的过错就像被毒蛇咬到了手指，要赶快把患处切除，不能有片刻的迟疑，这就是《周易》里风雷相合而被称为益卦，利于去办大事的道理。"

本文中的"勇心"可以解释成"勇猛心"，勇敢并且迅猛，想到自己有过错，立刻就去改，要表现出果断的执行力。这绝对是一种优秀品质，不够勇不能成就大事。下面聊聊啥是"勇"。

"勇"，清代学者段玉裁在《说文解字注》中这样解释："勇者，气也。气之所至，力亦至焉，心之所至，气乃至焉。"意思是说,"勇"是一种能激发人行动的"气",心到哪,气就到哪,力就到哪。咱们现在说的勇气,力气,把"勇""力"和"气"结合起来一起说,就是这个原因。

那么"勇"和其他德行的关系是怎样的呢?

《论语》里有这样一段对话。子路曰:"君子尚勇乎?"子曰:"君子义以为上。君子有勇而无义为乱,小人有勇而无义为盗。"意思是作为君子一定要特别重视道义。不然的话,君子有勇无义就会作乱,普通人有勇无义就会去做盗贼。

孔夫子认为,勇很重要,但必须受到道义的约束。在各种德行里面,孔子把仁、义放在前面,把勇排在后面。孔子还说过,"勇而无礼则乱""好勇不好学,其蔽也乱",看来礼和学也要排在勇的前面。在孔子看来,勇必须要在其他德行的重重约束下去使用,勇才能用到正地方,没有约束的勇是"匹夫之勇",是"好勇斗狠",是乱的根源。了凡在"改过三心"里把勇心放在耻心和畏心的后面也是这个道理。

既然说到"勇",有必要把"勇"的种类说说清楚。

"勇"还分为好多种,荀子在《荀子·荣辱》里把"勇"分为四类,分别是狗彘之勇、贾盗之勇、小人之勇、士君子之勇。

和动物一样,为了口吃喝,为了在异性面前表现,就能不管不顾地大打出手,就是狗彘之勇。

见钱眼开,唯利是图,奉行"人为财死,鸟为食亡"的信条,只要有利益,嗷嗷往前冲的,这种人说起来和禽兽没啥区别,就是贾盗之勇。

做事不计后果,不过脑子,受到一点委屈就忍不住,就要以眼还眼、以牙还牙,当场就要讨个说法,生死看淡,不服就干,这种人观念狭隘,属于莽夫,充其量算是一种小勇,所以叫小人

第二篇
改过之法

之勇。

士君子之勇，是以道义为先。只要符合道义，不管多难，也敢挺身而出，置生死于度外，斗争到底；如果不符合道义，即便对方百般挑衅，也不为所动，因为根本不值得去争。这才是大勇，比如韩信的胯下之辱，跟泼皮无赖打架毫无意义，是小人之勇，韩信不做，带着千军万马打天下，谁敢说韩信不勇呢？

"耻心""畏心""勇心"，这三种心态都具备了，用了凡先生的话讲："具备了这三种心态，那你有错立刻就去改正，就像是春天的冰遇到了太阳，还发愁改不掉吗？"

"改过三心"是改过之前必须要调整的三种心态，是改过的基础。基础打好了，下面就是怎么改的问题了。

怎么改？了凡先生有重要指示："人要改过，有从事情本身上去改的，有从道理上去改的，还有从心灵上去改的，下的功夫不同，自然效果也不太一样。"

好家伙，真是一环套一环，没想到了凡先生这样一个文科生完全具备理科生的逻辑思维，哈哈。上面告诉你"改过三心"，下面再告诉你"改过三法"。而且"事上改""理上改""心上改"这三法，按照功效也是有顺序的。

先讲最简单的"事上改"，怕大家不好理解，了凡先生直接用杀生和发怒来做案例教学。

了凡先生说："比方说你以前杀生，现在戒了不杀了；再比方说你以前喜好发个火骂个人啥的，现在知道错了，以后不发火骂人了。这就是从事情本身去改正啦。这种方法就事论事，是用外部一件件的事去强行约束自己，做起来难度很大。因为病根没除，治标不治本，你改了这件事又蹦出来那件事，所以不是改过的好方法。"

前面了凡说了,改过的办法不同,效果也不同,看来"事上改",了凡认为不是个好方法,但它绝对是个方法,特别适合想改过的初学者,循序渐进嘛。那么比"事上改"更好的方法又是怎么去做呢?

05 只要讲理就还有救

原文:

善改过者,未禁其事,先明其理。如过在杀生,即思曰:上帝好生,物皆恋命,杀彼养己,岂能自安?且彼之杀也,既受屠割,复入鼎镬,种种痛苦,彻入骨髓;己之养也,珍膏罗列,食过即空,疏食菜羹,尽可充腹,何必戕彼之生,损己之福哉?又思血气之属,皆含灵知,既有灵知,皆我一体;纵不能躬修至德,使之尊我亲我,岂可日戕物命,使之仇我憾我于无穷也?一思及此,将有对食伤心,不能下咽者矣。

如前日好怒,必思曰:人有不及,情所宜矜;悖理相干,于我何与?本无可怒者。又思天下无自是之豪杰,亦无尤人之学问;行有不得,皆己之德未修,感未至也。吾悉以自反,则谤毁之来,皆磨炼玉成之地;我将欢然受赐,何怒之有?又闻谤而不怒,虽谗焰薰天,如举火焚空,终将自息;闻谤而怒,虽巧心力辩,如春蚕作茧,自取缠绵。怒不惟无益,且有害也。其余种种过恶,皆当据理思之。此理既明,过将自止。

前面讲了,从"事上改"不是好方法,那么比"事上改"更好的方法是什么?是"理上改"。

第二篇
改过之法

了凡先生讲："善于改过的人，在改正一件错事之前，一定要先弄清里面的道理。"换句话说，要先搞明白错误的来龙去脉，要知道错在哪里，为啥错了，了凡还是采用杀生和好怒这两件事继续案例教学。

了凡讲："比方说过错是杀生，那你就得想想，上天有好生之德，所有的动物都惜命，为了满足自己的口腹之欲杀了它，能安心去吃吗？不但杀了，还要千刀万剐，还要煎炒烹炸，想想这种死法，真是痛入骨髓。养活自己，各种山珍海味，吃过了也就完了，有啥必要？各种五谷蔬菜，都可以吃饱，何必非要害了它的性命，减损自己的福报呢？"

了凡劝人，确实高明，案例教学讲得好有画面感，让人感同身受。其实，这里面还蕴含着别的道理。世人追求这些山中走兽海中鲜，无外乎就那么几个理由：看着新鲜，没见过，尝尝；物以稀为贵，吃着体面；味道鲜美，满足口腹之欲。可恰恰这样又变成了"耽染尘情"，贪恋美食带来的享乐。同样不利于修身养性，改过自新。

接下来，了凡又讲："大家再想想，那些有血有肉的动物，都是有灵性的，既然有灵性和知觉，那就和大家是一体的，就算是大家不能把德行修炼到极致，让这些动物敬仰我们、亲近我们，但怎么能每天杀生害命，让它们永远地仇视我们、怨恨我们呢？一想到这里，大家就会对这样的食物感到痛心，吃不下去啦。"

动物真是有灵性的。说一个真实的事儿。曾经有一年，有人送我一只活的大雁，说是野生的。当时，我心里挺不痛快的，但是也没好当面发火。这人走后，我开车把大雁带到了湖边放生。

路上，麻袋中的大雁一直在叫，我就说，你别叫了，我去放了你，你这么叫我心里挺不好受的。可能是感觉到车里的气氛很祥和,大雁果然没有再叫。

到了湖边没人的地方,我把它放出来,是一只很漂亮的母雁,它看着我也不飞,还跟着我走,我还蹲下摸了摸大雁的头,它也不躲,小眼睛亮亮的,我说你走吧,以后小心些,别再让人抓住了,好一会大雁向湖里飞去,那一幕真的很美。

下面再从佛家的角度讲讲灵知。前面讲过了凡先生的生平,了凡是信佛的,所以这一段里讲的道理和佛门的理论是契合的。

佛家讲:物质是有界限的,身体是物质,动物也好,人也好,从肉体上,你的是你的,我的是我的,都是独立的。但是灵知是没有界限的,没有界限那就是一体的。所以佛祖说:虚空法界是心的现象,跟心是一体的。正因为是一体的,所以一切众生彼此都有感应,只是这种感应对于每个人来说有强有弱而已。清心寡欲,有清净心的人感应强,欲望太重,有染污心的人感应弱,严重的干脆没有了。

这么一讲,可就有点毛骨悚然了。不管怎样,劝诫大家还是少杀生或者不杀生吧。接下来了凡还拿好怒举例子。再来学习一下。

了凡讲:"比方说你容易被激怒,那么在爆发冲突之前一定要想,人无完人,其实这个家伙也挺可怜的,他没理,我要和他对着干,不就和他一样没理了吗,对我有啥好处?况且这本来就没啥可生气的。"

解释一下,了凡这么讲可不是让大家学阿Q精神,也不是窝囊,而是不愿意拉低自己的道德水准,自己为别人的错误买单,是"大勇之心"。阿Q是鲁迅小说里的人物,阿Q被人打了,他惹不起人家,所以就说:"妈妈的,这年头儿子打老子。"于是阿Q开心了,这是典型的没有"耻心";而窝囊是胆小怕事,

第二篇
改过之法

是典型的没有"勇心"。

"大勇之心"和"没有耻心""没有勇心"有时候在表象上不好区别，但其实区别很大，区别主要有两个，一是对待事物的心态不同。心态不同前面的章节里讲到过，前者是积极的，后者是消极的；二是后续的行为结果不同。前者是走自己正确的路，不断进步；后者是麻痹自己，原地踏步，没有进步。

了凡继续讲："还要想到，天下哪有自封的英雄，又哪里去找专门骂人的学问，如果人家对你发怒，要反省是不是自己的德行没有修行到位，没有感化到别人。当别人诋毁、诽谤我们的时候，要把它当成磨炼自己的磨刀石，我们应该高兴地接受这一恩赐，还哪里会生气发怒呢？"

"再说了，听到这些诽谤你的话不生气，就算是那些诽谤满天飞，就好像堆火烧天一样，没人理它自然自己就熄灭了。听到诽谤就生气发火，不过是作茧自缚，自寻烦恼。可见发怒不但没有任何好处，而且还有十足的害处。"

这一段讲的内容，好多人是最不理解的，说这不是逆来顺受吗？说这样不就吃亏了吗？其实怎么会是吃亏呢？您想想，如果别人总是夸你、捧你，美吧、舒心吧？但这样是不是特别容易飘飘然，裹足不前呀，这就是"捧杀"；良药苦口能治病，糖衣炮弹倒是甜的，要你命呀。你把这些诋毁、诽谤都当成良药，用这些磨刀石磨砺自己，等你一飞冲天的时候，这些诋毁诽谤自然烟消云散。

案例讲完，了凡做了总结性发言，他讲："其余各种各样的过错，都按照这样的方法去考虑，过错也就自然改正了。"

以上是了凡先生讲的如何从"理上改"，这个办法是个好办法，适合大部分的人来用。接下来了凡开讲改过的最高境界，就是"心上改"。那么怎么从心上改过呢？

06 还是从心上下功夫最正宗

原文：

何谓从心而改？过有千端，惟心所造；吾心不动，过安从生？学者于好色、好名、好货、好怒，种种诸过，不必逐类寻求，但当一心为善，正念现前，邪念自然污染不上。如太阳当空，魍魉潜消，此精一之真传也。过由心造，亦由心改，如斩毒树，直断其根，奚必枝枝而伐，叶叶而摘哉？

大抵最上者治心，当下清净；才动即觉，觉之即无；苟未能然，须明理以遣之；又未能然，须随事以禁之。以上事而兼行下功，未为失策；执下而昧上，则拙矣。

如何改过，了凡给了上、中、下三策，下策"事上改"，中策"理上改"，上策"心上改"。如果把改过之法比作武林的神兵利器，"心上改"就是屠龙刀，得屠龙刀者成就武林至尊。"心上改"的价值就这么牛。

那什么是从心上改过呢？了凡是这样定义的："过有千万种，都起源于人的内心，如果你不动犯错的念头，过错根本就不会发生。"

就这么简单。你心里不想去做坏事，那就不会做坏事，直指过错产生的源头。了凡进一步解释道："什么贪恋美色啦，爱慕虚荣啦，贪财逐利啦，心窄易怒啦，所有的过错，也没有必要去一个一个地找，只要守住本心，一心向善，正大光明，邪念自然

第二篇
改过之法

躲得远远的，烈日当空，小鬼哪敢出来，这就是得到了'惟精惟一'的真传。"

天下武功，唯快不破。为啥说"心上改"是上策？了凡认为"心上改"这种方法是最简单也是见效最快的一种。为啥这么说？

听了凡讲："过既然由心而发，那当然得从心上去改，比方说过错是一颗有毒的大树，你想砍掉它，直接挖根就好了，何必一片一片地摘叶子，一根一根地砍树枝呢。要想改过，攻心为上，直接去根，立马清净。心里刚有不好的想法，马上就觉察到了，觉察到了，马上就从心里把它消灭了。"

简单吧，直接攻占敌军的大本营，抓住主帅，按在地上摩擦，擦得铮明瓦亮，光亮如新，完活。这法子也快呀，不用一件件地摆事实，也不用一桩桩地讲道理，心里一闪念就完事了。但是，人上一万，无边无沿，人上一亿，测地连天，估计有些小伙伴该喊了：这也太难了，根本做不到呀！别着急，这事了凡先生想到了。

了凡说："如果做不到咋办？那就退一步，通过讲道理改呗，这也做不到，那就再退一步，通过摆事实，一件一件地改。上策兼顾着下策一起用，还不算是失策；如果固执地使用下策，放着上策不用，那就是笨了。"

大家应该已经注意到了，了凡先生翻来覆去讲的其实就是一个"心"字。立命之学里讲"从心而觅，感无不通"，改过之法里讲"吾心不动，过安从生？"都是强调修心的重要性。了凡是儒生，同时也信佛，儒家、佛家对"心"的研究都很深刻，最具代表性的是阳明先生的心学和佛家的禅宗。咱们简单聊聊。

阳明心学强调"知行合一"和"致良知"，王阳明说："今人学问，只因知行分作两件，故有一念发动，虽是不善，然却未曾行，便不去禁止。我今说个知行合一，正要人晓得一念发动处，便即是行了；发动处有不善，就将这个不善的念克倒了。须要彻根彻底，不使那一念不善潜伏在胸中。此是我立言宗旨。"

阳明先生的意思是，不善的念头一起，就算你已经干坏事了，必须干掉它，这叫知行合一；干掉了不善的念头，把根给它刨了，弄彻底了，心就清静了，恢复了本体的善，就是致良知。瞧瞧，是不是和了凡说的意思差不多。

禅宗可以说是佛教里最重视修心的教派。所谓禅，原意就是指在密林中静思。前面咱们提到过神秀和慧能的偈子说的就是这点事儿。禅宗的修行往简单了说，就是：世人皆可成佛，能否成佛在于以禅法修心，在于觉悟，觉了悟了，一念顿悟，便可成佛。说得很简单，过程很辛苦。修心在自己，修行靠自觉，因为诱惑太多，修行不易，所以要用佛门的清规戒律帮助把持自己。

讲到这，"心上改"大家应该已经明白怎么去改了。老规矩，咱们再介绍一下原文里的知识点，"此精一之真传也"里面的"精一"到底是啥意思？

了凡说的"精一"，其实是"人心惟危，道心惟微，唯精唯一，允执厥中"的简化说法。这句话出自《尚书·虞书·大禹谟》（"谟"念[mó]，是策略的意思）。这句话可是儒家的核心思想，必须讲讲。

这句话的直译是："人心是危险难安的，道心却微妙难明。只有精心体察，专心守住，才能坚持一条不偏不倚的正确路线。"

话说当年舜帝禅位给大禹，担心大禹治理天下出现纰漏，特意教给大禹这四句话作为治国理念。咱们一起体会一下舜帝的苦心，也顺便了解一下老祖宗对于人心和自然的把握到了何种的程度。

"人心惟危"的"危"是对人心的把握，人都有趋利避害的

第二篇
改过之法

本能,这种本能具备两面性,一方面是能让人远离危险,避开灾祸;一方面也能让人自私自利,逃避责任。人性复杂,这是舜帝告诫大禹作为领导者必须高度重视的事。

"道心惟微"的"微"是对自然的把握要领,"道"就是老子说的"道",是一种控制宇宙万物的神秘力量,"微"是看不见,摸不着的意思。这句话按照语境可以理解成自然规律看不见摸不着,把握好它难呀,把它再教化给后人更难。

把握人性,把握自然,掌握它们的客观规律,舜帝教给大禹的是领导者艺术。那么怎么去做才能避免"人心惟危",明白"道心惟微"呢?舜帝告诉大禹要"唯精唯一,允执厥中。"

"惟精惟一"的"精"原意是挑选好米,舜帝告诫大禹要谨慎选择,要有大局观和长远眼光,既要带领人民躲避风险,又不能逃避责任。这是对大禹的要求,同时也要求大禹用人的时候要充分考虑这一点。"一"就是"道生一,一生二,二生三、三生万物"的"一",在这可以理解成自然规律。告诫大禹一定要遵循自然规律去治理天下。

"允执厥中"的"允"是诚信,引申为不要自欺欺人;"执"是守住;"厥"是并且的意思;"中"是不左不右,不要偏激。《中庸》的"中"就是这个意思。好多人把中庸理解成和稀泥,大错特错。所以"允执厥中",是舜帝告诫大禹作为领导者要守住诚信,守住本心,并且待人做事要坚持原则,不能过左也不能过右,办事一定不能偏激。

古人的智慧乃至于此,让我们现代人汗颜呀!

改过之法到这里基本学习完了。我一直说,了凡是一位了不起的良师益友。本篇的最后一节,了凡贴心地介绍了改过和不改过的种种感觉和表现,挺有意思的,我们一一去观摩一下。

07 改与不改感觉真的不一样

原文：

顾发愿改过，明须良朋提醒，幽须鬼神证明。一心忏悔，昼夜不懈，经一七、二七，以至一月、二月、三月，必有效验。或觉心神恬旷；或觉智慧顿开；或处冗沓而触念皆通；或遇怨仇而回嗔作喜；或梦吐黑物；或梦往圣先贤，提携接引；或梦飞步太虚；或梦幢幡宝盖，种种胜事，皆过消罪灭之象也。然不得执此自高，画而不进。

昔蘧伯玉当二十岁时，已觉前日之非而尽改之矣。至二十一岁，乃知前之所改，未尽也；及二十二岁，回视二十一岁，犹在梦中。岁复一岁，递递改之。行年五十，而犹知四十九年之非。古人改过之学如此。

吾辈身为凡流，过恶猬集，而回思往事，常若不见其有过者，心粗而眼翳也。然人之过恶深重者，亦有效验：或心神昏塞，转头即忘；或无事而常烦恼；或见君子而赧然消沮；或闻正论而不乐；或施惠而人反怨；或夜梦颠倒，甚则妄言失志。皆作孽之相也。苟一类此，即须奋发，舍旧图新，幸勿自误。

孔子曰："温故而知新"，开讲之前，先回顾一下以前的知识。了凡先生教授改过之法，字字珠玑，句句良言。老先生认为，改过之前，要先具备三种心态，分别是"耻心""畏心"和"勇心"，这三心前后有序，不可错乱。三心齐备，开始改过。改过中又有三种方法可选，一是"事上改"，二是"理上改"，三是"心上改"，其中以"心上改"为上策。祝君改过成功。复习完毕，书归正文。

前面咱们复习了了凡先生的改过之法，下面咱们继续听了凡

第二篇
改过之法

先生讲改过的过程中可能会有哪些现象出现,作为大家的判断依据。

了凡讲:"许下心愿,改过自新以后,明面上要拜托好友经常提醒,暗地里就只能让鬼神给予监督。要诚心诚意地一心忏悔,从早到晚都要坚持,不能松懈,看你的勤奋和悟性,短的七天,十四天,长的一个月,三个月,一定会体验出效果。"

每个人出现的体验可能不一样。了凡讲了八种感应,前四种讲清醒时的感觉;后四种讲睡梦之中的景象。咱们来看看是哪八种?

第一种,"或觉心神恬旷"。以前总是觉得胸闷气短,总是不太开心。改过以后心胸开阔了,性格开朗了,有心旷神怡的感觉。

第二种,"或觉智慧顿开"。以前待人接物,说话办事总是感觉丢三落四,糊里糊涂的,满脑子糨糊,遇事老是想不明白。改过以后突然感觉看问题很清晰,充满了智慧。

第三种,"或处冗沓而触念皆通"。以前遇到复杂点的事,总是感觉没有头绪,心里很乱,很烦,打不起精神;改过以后,遇到再繁杂的工作也能迅速找到关键,举一反三,触类旁通,条理性、逻辑性非常好。

第四种,"或遇怨仇而回嗔作喜"。以前遇到冤家对头,一定是怒目而视,装着没看见都已经是好态度了;改过之后,再遇到这种情况,不再生气了,看见他心态很平和,甚至都能打个招呼,说几句话。回嗔作喜是一个成语,不过现在用得比较少了。

第五种,"或梦吐黑物"。梦见吐出一些脏东西,黑泛指一切不干净的东西。

第六种,"或梦往圣先贤,提携接引"。在梦中看见以前的圣人、贤士来教导你,帮助你。

第七种,"或梦飞步太虚"。梦中飞起来了,在太空之中遨游,一副悠悠然然,得到大自由的样子。

第八种,"或梦幢幡宝盖"。梦见得道高人的仪仗,庄重而威严。

"以上这些个好兆头,都是过错改掉以后出现的征兆。但是不能因此为沾沾自喜,从此不再进步了。"下面了凡再一次案例教学,让大家看看古人是咋改过的,人家有没有"执此自高,画而不进"。

案例:"当年蘧伯玉二十岁的时候,就懂得把以前所犯的过错全部改正。长了一岁,就知道了以前的过错改得并不彻底,再长一岁,还是感觉不彻底,如在梦中。就这样年复一年,年年改正,到了五十岁,还知道前四十九年的过错,古人改过的学问就是这样呀!"蘧伯玉是春秋时卫国人,为人贤德,与孔子的关系很好。

了凡先生对蘧伯玉改过的毅力非常钦佩,感慨一番之后,继续讲道:"我们都是平凡之人,身上的过错实在是太多了,但是反省过往的时候,常常看不见自己以前的错误,实在是粗心加短视。另外,那些罪恶深重的人,也会感觉到一些征兆。"

第一种,"或心神昏塞,转头即忘"。就是说办事的时候,老是心不在焉,无精打采的,记忆力减退,记不住事,扭头就忘。

第二种,"或无事而常烦恼"。想想没有什么事,但就是莫名其妙的不开心,这种现象有点像现在说的轻度忧郁症。想想这种人还不少呢。

第三种,"或见君子而赧然消沮"。见到正人君子就有点不好意思,难为情。赧然的意思是羞愧的样子,这种人还懂得惭愧,还有得救。

第四种,"或闻正论而不乐"。这个就比较严重了,听不得正经话，一听就烦。现在这种人越来越低龄化了，令人担忧。

第五种，"或施惠而人反怨"。送人家东西，给人家好处，人家不领情，还要埋怨你。

第六种，"或夜梦颠倒，甚则妄言失志"。晚上常做噩梦，严重的还胡言乱语，神志不清。

最后了凡先生告诫大家："以上都是做了坏事之后可能出现的反应，一旦出现，就必须振作起来，发愤图强，一改旧习，千万不要自误前程啊！"

当今时代，物欲横流，各种诱惑云集，每个人身上都有或多或少、或轻或重的过错，大家悄悄地对坐入号，看看您属于第几种？有了也没关系，咱改了不就成了嘛。

到此，《了凡四训》第二篇"改过之法"全部讲解完毕。谢谢大家，让我们一起开启第三篇"积善之方"。

第三篇 积善之方

了凡四训

多做善事帮助别人,
善事积多了,
命运自然也有所改变

用心学《了凡四训》

01 积善真的好处多多

原文：

易曰：积善之家，必有余庆。昔颜氏将以女妻叔梁纥，而历叙其祖宗积德之长，逆知其子孙必有兴者。孔子称舜之大孝，曰：宗庙飨之，子孙保之，皆至论也。试以往事征之。

《了凡四训》被后世尊为"古代已知具名的第一劝善书"，既然是劝善书，"积善之方"这一篇上自然笔墨最多。本篇大致占据了整部书一半的篇幅。不过文字虽多，条理却很清晰，共分三部分，分别是：积善有什么好处？善有哪些属性？积善的方法有哪些？

积善有啥好处？好处多多。咱们随着了凡先生的笔一起开启积善之旅。

了凡开篇就讲："《周易》说'积善之家，必有余庆'。当年颜家愿意把女儿嫁给叔梁纥，就是看中了他祖上世代行善积德，推测他的后代必会出现能光宗耀祖的子孙；孔子夸赞舜帝是大孝之人，说：'舜一定可享受万民的祭祀，子孙也会保住他的福德。'这些都是至理名言，我们试着用以前的事迹来加以验证。"

这段话刚一看，有点迷糊，好像哪都不挨着哪。我一讲您就明白了。因为这里面隐藏着两个故事。

第一个故事，说的是颜氏嫁女的典故。叔梁纥的祖上曾经当过宋国的国君，妥妥的诸侯之后。后来其五世祖孔父嘉被宋国太宰华督杀害，被杀的原因挺狗血的，媳妇太漂亮了，让人家华督给看上了。宋国是待不下去了，他的爷爷防叔逃到了鲁国昌平陬邑，就是现在的山东省曲阜市，从此从宋国人变成了鲁国人。

第三篇
积善之方

不愧是诸侯之后,到了叔梁纥这一辈,已经当上了陬邑大夫,那也是一方的贵族了。叔梁纥人品出众,博学多才,能文善武,名列"鲁国三虎将"之一。这就是了凡在原文中所言的"历叙其祖宗积德之长",叔梁纥的祖上确实是德行深厚。颜家把女儿颜徵在嫁给叔梁纥以后,生了个儿子。这个儿子中国人还真没有不知道的,就是万世之师——圣人孔子。

有的人可能要问了,孔子的父亲咋叫叔梁纥呢?咋和孔子不是一个姓呢?哈哈,这就关系到中国的姓氏学了。咱们现在说"姓氏"都是连起来说,感觉是一回事,其实在古代,特别是先秦时期,姓、氏各有各的含义,区别很大。

姓是标记同一个母系祖先所有后代的符号,一看姓就知道了这个人的血缘关系出自哪里;氏是标记同姓家族不同分支的符号,知道了氏就知道了这个人是这个家族哪个分支的。

这么说吧,先秦时期,姓是用来"别婚姻"的,同姓之人不能通婚;氏是用来"别贵贱",首先必须男性贵族才能有氏,女的只有姓没有氏;其次这个男人在家族里还必须有地位。这两个条件都具备了,他的后代以他为荣,会从他的名字、官职、封地,等等里取一个字作为氏。到了秦以后,姓氏基本上就没啥区别了。

咱们拿叔梁纥举例子,叔梁纥可不是姓叔,而是姓"子",叔梁是他的字,纥是他的名。当年周王把宋地分封给了微子启,建立了宋国,分封的同时赐了"子"姓给微子启。按照当时的习俗,微子启死后传位给了弟弟微子衍,这个微子衍就是叔梁纥的直系祖先。所以叔梁纥姓子。

按照这个原理,前面咱们说的孔父嘉,姓子名嘉,字孔父。当年是宋国的大司马,符合上面所说的标准,他的这一分支,就取他的字"孔父"里的"孔"作为氏。先秦以前的人习惯把一个人的字和名连起来叫，孔纥孔叔梁就成了叔梁纥。所以呢，这爷俩一个叫孔纥，一个叫孔丘，姓氏上很清白，没啥问题。

现在大家明白，为啥了凡说完颜氏嫁女叔梁纥，马上接着提孔子了吧。因为叔梁纥是孔子的老爹。

第二个故事，孔子说舜帝大孝的故事。舜是"三皇五帝"之一，中华道德文化的鼻祖。其实不光孔子讲舜帝的孝道，很多的古籍都有记载。《史记》所载："天下明德，皆自虞舜始。"《二十四孝》里第一孝说的就是舜的故事。

相传舜早年丧母，父亲瞽叟给舜娶了个后妈，生了弟弟取名象。后妈想让亲儿子继承家产，说动了瞽叟想害死舜。三个人先是让舜去整理谷仓，然后放了大火想烧死舜，结果舜从谷仓顶上逃走了。

一计不成，又生一计。三人又让舜去清理水井，舜下去后，三人把井给埋了。其实舜早有防备，从井底旁边挖有通道，又逃过一劫。舜回到家里，看见三人正庆贺呢，也不点破，和原来一样对他们好，几年后，舜的孝道终于感动了三人。

舜的孝心和德行传播天下，尧帝看中了舜的德行，把女儿娥皇、女英嫁给了舜。尧晚年看自己的儿子丹朱才德不够，干脆禅位，让舜做了虞的国君。《尚书》《史记》对舜记载很多，舜帝为人处世，治理国家，都能以身作则，崇尚以德为先、和谐发展的理念。

"积善之方"开篇，了凡先生用这两个故事告诉大家"积善之家，必有余庆"的道理。但是，一来故事的时间过于久远，二来故事的主人公毕竟都是古代的圣贤，了凡担心说服力不够，接下来干脆化身故事大王，一口气举了十个积善的例子，有大人物，也有小百姓，就一个目的，告诉大家积善真的好处多多。

那么积善到底有哪些好处呢？下面我们一起来听了凡先生讲的"祖上积德，杨少师位及三公"的故事。

02 祖上积德，杨少师位及三公

原文：

杨少师荣、建宁人。世以济渡为生，久雨溪涨，横流冲毁民居，溺死者顺流而下，他舟皆捞取货物，独少师曾祖及祖，惟救人，而货物一无所取，乡人嗤其愚。逮少师父生，家渐裕，有神人化为道者，语之曰：汝祖父有阴功，子孙当贵显，宜葬某地。遂依其所指而窆之，即今白兔坟也。后生少师，弱冠登第，位至三公，加曾祖、祖、父，如其官。子孙贵盛，至今尚多贤者。

第一个故事。

元朝末年，天下大乱。官府无能，道德沦丧。乱世求自保，民间百姓也多是自私自利，唯利是图之辈。可是凡事都有例外。在福建建宁府建安县，有一户姓杨的人家，世居河边，以使船摆渡为生。老杨家日子过得挺艰难，可有一点，家虽贫穷，却人人向善，这个杨家正是将来为家族带来无限荣光的、明朝大学士杨荣的老家，此时当家的乃是杨荣的曾祖杨伯逊。

有那么一年，暴雨倾盆，下起来那是没完没了，那真好似九天银河被挖漏了河底一般。眼见着河水暴涨，一时间冲毁了大量的房屋，河上漂浮的财物、牲畜甚至是死人，顺流而下，一幅凄惨景象。

此时，只见下游的河面之上，渔船、渡船到处都是，所有的船都在那热火朝天地打捞财物，反而对落水之人视而不见，真的是船上是天堂，水中是地狱。杨家世代摆渡为生，自然也划着小船漂在水面之上。此时的杨家老爷子带着儿子也是忙得满身大汗，只不过与别的船不同，杨家父子不捞取财物，只是一心救人。一天下来，救人无数，同村之人见了都暗中笑话杨家父子是傻子。

时间一点点过去，杨家靠着本本分分干活，勤劳致富，到了杨荣父亲这一辈，家里渐渐富裕了一些。有一天，有个神人化作道士来到杨家。

道士对杨荣的父亲说："你的爷爷和父亲积累了阴德，你只要将他们的坟葬到某地，子孙必会出大富大贵之人。"

杨荣的父亲按照道士的话照做了，杨家祖坟之地就是现在大家常说的"白兔坟"。

大明洪武四年，杨荣出生了。二十多岁就中了进士，后来做了工部尚书、大学士，位列三公。因为杨荣的功劳实在太大，皇帝下旨将他的曾祖、祖父、父亲都追赠了工部尚书、大学士的官职。杨荣的子孙后代当官的也很多，到现在还有很多知名的贤士。

第一个故事就讲了杨荣祖上积德，子孙受益的故事。这位杨荣杨大人是明朝初期人，比了凡早了一百多年。了凡先生敢于写同一个时代的大人物的例子，还有名有姓的，就是告诉大家这可不是编故事，这是个真实案例。

下面咱们介绍一下这位杨荣杨大人是何许人也。

杨荣，原名杨子荣。有点耳熟吧？不过这个杨子荣，可不是"智夺威虎山"的战斗英雄杨子荣，纯属巧合。子荣这个名字的来历也挺有意思的。话说当年杨荣出生的时候，这孩子攥着两个小拳头，哭声特别响亮，杨荣他爹美得合不上嘴，说："这孩子哭得如此用力，长大以后身体好呀。"干脆给孩子取名就叫"杨

第三篇 积善之方

子荣",取儿子将来身体健康的寓意。

老天眷顾杨家,长大后的杨子荣不但身体好,学习也特别棒,年仅 28 岁就考中了进士,做了翰林院编修。编修虽然是一个没什么实权的小文官,但好处是工作地点在京城,离权力中心近,升职的机会多一些。

果然,机会很快就来了。三年后,这个小文官干了件大事,不但一炮红遍天下,而且从此飞黄腾达,只不过这样的机会真不是一般人敢享受的,弄不好脑袋就混没了,这也足以证明杨子荣的胆大和睿智。

话说当年燕王朱棣不满建文帝的削藩,为了保命,也为了那九五之尊的皇位,造了侄子建文帝的反。闲话少说,这一天朱棣带兵攻入了南京城。皇位就在眼前,朱棣眼睛都杀红了,带领大军直奔皇城,那真是神挡杀神,人挡杀人。这一路上不知杀了多少文官武将。一直杀到了皇城大门这,守门的士兵早就跑了,宽大的城门前就孤零零地站着一个人。这个人就是小文官杨子荣。

朱棣一看是个年轻的小文官,用手中马鞭点指,讥笑道:"你要拦我?"

杨子荣点头,不慌不忙地说道:"殿下你是先进皇宫登基呢?还是先去太祖陵给你爹磕头去?"

朱棣听了这话,出了一身的冷汗,心想好悬呀,若不是这个年轻人提醒,我就是当了皇帝,也得留一个不忠不孝的万世骂名。于是不进皇城,改去太祖陵拜祭去了。

后来证明,这一举措帮助朱棣收服了很多文人的心,让朱棣的皇位做得多少名正言顺一些。就因为这事,朱棣很是看重杨荣,等到朱棣正式登基做了皇帝之后,明成祖朱棣亲自召见了杨子荣,说:"就凭你这勇气和智慧,别叫杨子荣了,去子存荣,赐名杨荣,"同时提拔杨荣进文渊阁,从此可以陪王伴驾,正式步入了大明朝的权力中心。

杨荣后来入阁拜相,出任谨身殿大学士,和杨士奇、杨溥并称"三杨",在历史上以"警敏通达、谋而能断、老成持重"著称于世。在明朝历史上绝对赫赫有名。

明史记载,有一次杨荣正在朝廷当值,有人上报宁夏城被围,明成祖朱棣欲派兵解围,杨荣说:"不必派兵,免得劳师动众。"

朱棣不解,问:"为何?"

杨荣答道:"宁夏城墙坚固,民又好战,奏报到现在已过了十几天了,宁夏之围应该已经解了。"

到夜半时,果然有奏报来说围已解。朱棣感到很是神奇,明白了这位杨大学士对大明天下的事务真是了如指掌,从此更加倚重杨荣。

杨荣深得永乐皇帝朱棣的信任,朱棣曾五次带兵亲征都带着杨荣。永乐二十二年,朱棣在第五次亲征时病故,杨荣在军中,秘不发丧,征集军中所有锡器制成圆筒,将永乐帝尸体放入其中封好,一直到京城都没有暴露。这让大明的皇位传承顺利交接,没有发生大的动荡。

永乐帝之后,杨荣又经历了仁宗、宣宗、英宗三朝。杨荣还有一个本事,不管事情大小,也不管朝堂之上吵成啥样,定不了的事,只要杨荣一到,立马就能定下来。可见杨荣"谋而能断"的名声果然不是吹出来的。

五朝元老,一生兢兢业业,为国为民。为了表彰杨荣的功绩,皇帝给他的曾祖、祖父、父亲都追赠了和他一样的官职,荣禄大夫、少傅、工部尚书兼谨身殿大学士。这在整个历史上也是极为少见的。

故事有趣吧，别着急，后面还有九个等着呢，咱们慢慢听了凡先生说。下一节"自惩积善，杨家一门七进士"的故事又会说些什么呢？

03 自惩积善，杨家一门七进士

原文：

鄞人杨自惩，初为县吏，存心仁厚，守法公平。时县宰严肃，偶挞一囚，血流满前，而怒犹未息，杨跪而宽解之。宰曰：怎奈此人越法悖理，不由人不怒。自惩叩首曰：上失其道，民散久矣，如得其情，哀矜勿喜。喜且不可，而况怒乎？宰为之霁颜。

家甚贫，馈遗一无所取，遇囚人乏粮，常多方以济之。一日，有新囚数人待哺，家又缺米。给囚则家人无食，自顾则囚人堪悯；与其妇商之。妇曰：囚从何来？曰：自杭而来。沿路忍饥，菜色可掬。因撤己之米，煮粥以食囚。后生二子，长曰守陈，次曰守址，为南北吏部侍郎；长孙为刑部侍郎；次孙为四川廉宪，又俱为名臣。今楚亭德政，亦其裔也。

第二个故事。

鄞县，县衙之内。知县老爷高坐大堂之上，满脸怒容；衙役们手持水火棍，站立在大堂两侧，如狼似虎。

大堂居中的刑凳之上，两名衙役正给一名犯人上刑。只见那犯人惨叫连连，鲜血浸透了衣衫。县太爷桌案一旁站立一人，眉头紧锁，面露不忍之色。

此人正是本县县吏，姓杨，双名自惩。说起杨自惩，鄞县城内可说是无人不知、无人不晓，为啥？全因此人宅心仁厚，为吏公正，乃是一等一的善人。

此时，杨自惩见县太爷余怒未消，抬手招呼衙役准备再打，连忙紧走几步，来到桌案之前，双膝跪倒说道："大人息怒，莫要再打了。"

太爷见是杨县吏，知道他一贯心善，面色稍缓，说道："你看看这厮触犯律条，违背天理，不由人不心生怒气。"

杨自惩再施一礼，说："曾子云：'上失其道，民散久矣，如得其情，哀矜勿喜。'圣贤说连喜都不应该，哪能够去发怒呢？"

知县听了杨自惩的话，看他连古代圣贤曾子都搬出来了，也就就坡下驴，脸色渐渐缓和下来。

杨自惩心善想要救人，但劝人特别是劝自己的顶头上司，必须要有方法。直接顶撞，肯定适得其反，不但救不了犯人，还得火上浇油。老杨很聪明，他引用曾子的话，知县也是儒生入仕，自然不能不听儒家圣贤的话。

"上失其道，民散久矣，如得其情，哀矜勿喜。"这句话出自《论语·子张》，孟氏派阳肤去当典狱官，阳肤是曾子的学生，于是问老师应该怎么做好这个官？曾子说了这段话。意思是："如果主政的人偏离正道，百姓就会离心离德，丧失民心，你要查清他们犯罪的实情，要了解他们为啥犯罪，要怜悯他们而不要因为破了案而自鸣得意。"

儒家思想主张以德治国，认为百姓犯罪，不但要查清案情的本身，还要查清犯人为什么犯了罪。是犯人自己的原因犯了罪，还是因为政策和教化出了问题，逼得百姓犯了罪。如果是后者，那就要可怜这个犯人，而不要一味地为难犯人。

《论语·为政》里记载孔子的话："道之以政，齐之以刑，

第三篇
积善之方

民免而无耻；道之以德，齐之以礼，有耻且格。"

意思是"仅仅用政令、刑法治理国家，百姓只会为了不受惩罚而守法，但却没有道德感；以德和礼法治国，百姓有了道德感自然也就不会去犯罪。"这句话和上面曾子的话都是儒家治国理念的体现。

我在网上看见一些网友说，不明白杨自惩为啥要去可怜那些犯罪的人，现在大家明白了吧。杨自惩作为县吏，最少也是秀才出身，既然是儒生，他信奉的自然是儒家治国理念的思想，这就是原因。

继续讲杨大善人的故事。

杨家很穷，杨自惩作为县吏却从不收礼，遇到犯人缺粮，还经常救济他们一下。一天，县衙又收监了几个犯人，没有饭吃。偏偏杨家也没米下锅了。给犯人吃吧，自己家就要饿肚子，自己吃吧，那几个犯人又实在是可怜。这可难坏了杨自惩，于是两口子开了个小会，商量这事。

夫人问："犯人从哪来的呀？"

自惩答道："从杭州一带来的，一路上没吃没喝，一脸的菜色。"

夫人也心善，因此两口子开会决定，自己不吃了，把米煮成粥给犯人吃。心善如此呀！

这里，可能又有读者会问了，犯人不都是国家管饭吗，怎么还用杨自惩救济？这您可能就不了解了。古代历朝历代的刑狱令标准不太一样，但都是自费的，只有实在没家没亲属的国家才管饭，但是不是真能认真执行，那就不好说了。一直到了清代，犯人的伙食才正式改为公费，一直延续到今天。

再回到正文。后来，老杨两口子生了两个儿子，大儿子杨守陈，小儿子杨守址，一个当了北京吏部侍郎，一个当了南京吏部侍郎。大孙子后来也当了刑部侍郎，小孙子当了四川按察使，都是大明朝的有名之臣。与了凡同一时期的福建按察使杨楚亭就是杨自惩的后代。

故事讲完了。这又是一个父母行善积德，子孙受益的例子。大家试想一下，父母品行端正，耳濡目染之下孩子必然也有样学样，好家风代代传果然不是一句虚言。

杨家寒门出身，但在大明朝一门七进士，而且都是名臣清官，世所罕见。七进士分别是：儿子杨守陈、杨守址，侄子杨守随、杨守隅，孙子杨茂元、杨茂仁，曾孙杨德政。挨个说说让大家有个了解。

大儿子杨守陈最有名，景泰二年（公元1451年）考中进士，官至北京吏部侍郎，死后追赠礼部尚书，谥号文懿。作品编入《杨文懿全集》。史书记载杨守陈为官敢于直言，不摆官架子。

举一个敢于直言的例子。明朝的时候，按照惯例，每天皇帝只上早朝，其他时间基本上就不和大臣们集中议事了，杨守陈希望皇帝勤快点，加一个午朝。另外，当时太监们的势力很大，太监的言行不记录在史书里，这就让一些太监敢于为所欲为。针对这两件事，杨守陈冒着得罪皇帝和太监们的风险，上表希望改革，都被明孝宗采纳了。

再举一个不摆官架子的例子。杨守陈有一次回家探亲，轻车简从，路过一个驿站休息，驿丞见他登记的官职是"洗马"，不知道洗马一职可是太子的侍从官。接待时大马金刀地和他对面而坐，杨守陈也不在意。驿丞突然问杨守陈说："你这洗马的官，不知一天要洗几匹马呀？"杨守陈随口答道："勤快的时候就多洗几匹，如果偷懒的话就少洗几匹，没有具体的数目。"不摆架子，可见一斑。

二儿子杨守址，成化十四年（公元1478年）进士，官至南京吏部侍郎加吏部尚书衔。曾任《大明会典》副总裁。作品有《碧川文选》等流传于世。

侄子杨守随，成化年间进士，官至工部尚书，为人刚正不阿，执法断事不依不饶。

侄子杨守隅，成化二十年（公元1484年）进士，官至广西布政使，在任期间多有政绩，因禁止大宦官刘瑾的门人在当地作恶，得罪了刘瑾被罢官，刘瑾死后才官复原职。

大孙子杨茂元，成化十一年（1475年）进士，遇事敢言，不畏权贵，因弹劾太监李兴被罢官，后重新启用，官至刑部侍郎。

小孙子杨茂仁，成化二十三年（公元1487年）进士，和他哥一样不畏权贵，查办了大太监梁玘[qǐ]。官至四川按察使。

曾孙杨德政，就是原文中的杨楚亭，正德十二年（1517年）进士，官至福建按察使。

老杨家一门七个进士，前面咱们介绍过考进士有多难，最难能可贵的是杨家这七子都刚正不阿，全部青史留名。

看来行善积德还真是好处多多呀。下面咱们再来聊聊"都事救人，谢于乔高中状元"的故事。

04 都事救人，谢于乔高中状元

原文：

昔正统间，邓茂七倡乱于福建，士民从贼者甚众；朝廷起鄞县张都宪楷南征，以计擒贼，后委布政司谢都事，搜杀东路贼党；

谢求贼中党附册籍，凡不附贼者，密授以白布小旗，约兵至日，插旗门首，戒军兵无妄杀，全活万人；后谢之子迁，中状元，为宰辅；孙丕，复中探花。

　　第三个故事。
　　正统年间，宦官王振专权，官员宋新贿赂王振，升任福建布政使。这位布政使是花钱当的官，当然要十倍百倍地捞回来。福建在当时属于偏远地区，朝廷的管辖没有那么到位，于是宋新勾结当地恶霸，加捐加税，弄得百姓怨声载道，民不聊生。
　　官逼民反，终于爆发了以邓茂七为首的农民起义。
　　这位起义军头领邓茂七原本是江西人，年轻时因失手杀死了当地一霸，逃到福建，在一个地主家当了一名佃户。当时明朝推行保甲制，邓茂七为人豪爽，好打不平，身边很快聚集了一批小弟兄，一来二去被推选为当地的总甲，总甲的职务有点像现在的居委会主任。
　　当时，有布政使宋新当靠山，下面的一些官吏横征暴敛，规定每逢年节，老百姓家家户户都要凑钱，买米买肉，给官府送礼，取个名目叫"冬牲"。百姓日子本来就不好过，当然不愿意送什么"冬牲"，纷纷找到带头大哥邓茂七。老邓大手一挥，就俩字："不送。"
　　消息传到官府，官老爷一听火冒三丈，好你个刁民，敢和本老爷对抗，这还了得，赶紧去把邓茂七给我抓来。这个邓茂七也是个狠人，争斗之中连杀数个差役。出了人命，官府派兵到处捉拿邓茂七。
　　这日子是没法好好过了，邓茂七干脆自封"铲平王"，在沙县一带与兄弟们歃血为盟，举起了造反的大旗。有人挑头，加上

第三篇
积善之方

老百姓的日子实在是过不下去了，一时间百姓加入造反队伍的人是越来越多。

当地的官兵几次围剿，越剿越多，很快发展到十多万人，攻城略地，几乎占领了半个福建。后来又和其他几支起义军联合，攻占了广东和江西部分地区，最多时起义军号称有八十万之众。这是明朝立国以来最大的一次农民起义。

消息传到北京，朝野震惊。朝廷派了都御史张楷领兵南征，几次交锋，张楷的部队都被邓茂七打败。胜利来得太容易了，这位铲平王头脑有些发热，重用了奸人。这奸人一面与官府暗中勾结，出卖情报，一面在邓茂七面前歌功颂德，进献谗言。结果不用说，邓茂七贪功冒进，中了张楷布下的埋伏，起义军大败，连邓茂七本人都死于乱军之中。轰轰烈烈的农民起义宣告失败。

原文中的故事就是发生在这样的背景之下。

邓茂七死后，都御史张楷派福建布政司都事谢莹，搜捕东路叛军。这位谢莹就是故事中的主人公谢都事。谢莹本就在福建布政司任职，是宋新的手下，知道百姓造反都是以宋新为首的贪官污吏逼的，于是起了恻隐之心，不忍大搞株连，乱杀无辜。

接了这个差事以后，正巧谢莹手下在起义军中找到了一本花名册，凡是没有参与造反的人家，谢莹让人偷偷地送一面小白旗，让他们插在自己家门外，又告诫官兵凡遇插白旗者不得乱杀，这样得以活命的百姓何止万人。

后来谢莹的儿子谢迁，考中状元，后来入阁拜相。孙子谢丕，又中了探花。

谢莹是浙江人，原本在浙江布政司任都事一职，为官清廉，曾经升任光禄寺珍馐署丞，这本是个肥差，谢莹却不肯迎合上司，于是又被降职，调到了福建布政司继续当都事。谢莹的孙子就是鼎鼎大名的谢迁,谢大学士。

谢迁字于乔,号木斋。谢迁出生的时候,家里正好搬入新房,所以父亲给他取名"迁"。谢迁很小的时候就很聪明,7岁就能做对联,当年谢莹出过了一个上联"蛙鸣水泽,为公乎,为私乎。"谢迁马上对"马出河图,将治也,将乱也。"谢莹十分惊奇。

还有一次,家里来了一位客人,听说谢迁小小年纪就会作对,就出了一个上联:"白犬当门,两眼睁睁惟顾主。"客人本是在调侃小谢迁,小谢迁一点都不吃亏,应声对了下联:"黄蜂出洞,一心耿耿只随王。"一时传为佳话。

成化十一年(公元1475年),谢迁考中状元,后来一直做到了太子太保,兵部尚书兼东阁大学士。谢丕是谢迁的儿子,弘治十四年考中探花。父子俩都考中殿试一甲,这在大明朝近三百年间只出过四次。

明孝宗弘治年间,李东阳、刘健、谢迁三人当时同时辅政,是著名的三贤相。李东阳慢性子,善于谋划;刘健急脾气,雷厉风行;而谢迁性格直率,口才一级棒。这三位在内阁中搭班子的时间最长,三个人各有优点,相互配合,在"弘治中兴"中起到了重要的作用。《明史》中称赞他们三人是"李公谋,刘公断,谢公尤侃侃。"

到了明武宗继位,武宗是个荒唐皇帝,宠信大宦官刘瑾。刘瑾独揽大权,打击异己,排斥忠良。事关国家兴亡,谢迁联合李东阳、刘健等人商量明日上朝要联名弹劾刘瑾。当天晚上有人告密,刘瑾提前知道弹劾的事,连夜到武宗面前哭诉,反而诬陷谢迁等人要造反。武宗大怒,谢迁、刘健被罢官,谢丕也受到牵连,一同罢官。

为了这事刘瑾非常恨谢迁等人,再加上吏部尚书焦芳对江南人特别不感冒，这两人配合之下，当时江南籍官员被罢官的竟然达到六百多人。一直到刘瑾被杀，朝廷想要恢复谢迁的官职，谢迁推迟不愿为官。嘉靖六年，明世宗亲下旨意要谢迁入阁为相，不得已谢迁才重新入阁。

谢迁、谢丕父子俩辞官在家期间，重视教育，对后世子孙影响巨大。据不完全统计，明清二代，谢氏得贡生以上功名者五十余人，其中状元1人、探花1人，会元1人，解元3人，有一百二十余人授予各类官职。

谢家当官的人真是不少，不过福建的林家在这方面更是厉害。下一节咱们一起去看看"林母好施，科举无林不开榜"的故事。

05 林母好施，科举无林不开榜

原文：

莆田林氏，先世有老母好善，常作粉团施人，求取即与之，无倦色。一仙化为道人，每旦索食六七团。母日日与之，终三年如一日，乃知其诚也。因谓之曰：吾食汝三年粉团，何以报汝？府后有一地，葬之，子孙官爵，有一升麻子之数。其子依所点葬之，初世即有九人登第，累代簪缨甚盛，福建有无林不开榜之谣。

第四个故事。

话说福建莆田有个姓林的人家，早年间林家老太太乐善好施，平日里总是做一些粉团施舍给穷人。只要有人要，老太太就给，从来也不会不耐烦。粉团是一种用糯米粉蒸出来的食物。

日子久了，有一位仙人注意到了老太太的善举，想看看老太太是不是诚心向善,于是化作一个道士,每次都去要粉团,一吃就是七八个,老太太每次都给他,这一吃就是三年,次次如此。

仙人看出老太太果然是一心向善,于是对老太太说:"我吃了你三年的粉团,怎么报答你呢?这样吧,你们家后面有一块福地,你死后就葬在那里吧。你一心向善,你的福报会恩泽后代,子孙当官之人,当有一升麻子之数。"大家都知道麻子,那东西比芝麻大点有限,一升麻子这个数量可是不少。

老太太去世后,儿子按照仙人的嘱咐安葬了老太太,果然灵验。老太太第一代的子侄辈就有九人当了官,后代子孙入仕当官的数不胜数,以至于福建当地有"无林不开榜"的说法。

莆田林家的故事,了凡没有说具体的年代,但是根据原文中"初世即有九人登第"这句话来看应该说的是福建莆田的"九牧林"的故事。莆田林家一般公认东晋时林禄公为始祖,当时皇帝派林禄公镇守晋安,从此林家从中原迁到了福建。晋安现在就是福州的一个区。

到了唐代,林披公共生九子,九个儿子都当了刺史,刺史在当时可是封疆大吏,又叫州牧,所以后世称这一支林姓为"九牧林"。

到了现在,福建、台湾、两广,甚至韩国、日本都有九牧林的后代。林氏宗祠上一般都写着"唐代兄弟九刺史,宋朝父子十知州"或者"一门九刺史,三代五廷魁"的对联,说的就是这个历史典故。

林氏一族从东晋时就很昌盛,以重视家风,重视科举教育著称于世。"无林不开榜"这句话在史书中并没有找到记载,但林氏一门千年以来入仕当官的人极多,也确实是事实。

以史书记载比较翔实的明清两朝为例,从明朝开国洪武朝开始，到清光绪年间科举考试结束，在这五百多年间，殿试共举行了 201 科，共计录取进士 51624 名，林姓金榜题名的有 183 科，林姓考中进士的共计 644 名，这其中包括状元 5 名，榜眼 4 名，探花 6 名。明宣德五年，更是状元、探花都是福建林氏。

"无林不开榜"虽然不见于史书，却有一个流传在林氏家族中的传说。

传说大明宣德年间，福建莆田九牧祠的莲塘里开了九朵莲花，莲花一般在夏天开放，这一次却在清明时节提前开放。不但开花了，其中一朵还开得特别鲜艳，格外引人注目。林氏族人都说本科看来家族里能出九位进士，其中一人还得高中状元郎呀。

这话一传十，十传百，传到了朝廷主考大臣的耳朵里。这位主考大人也是调皮，偏不信邪，把林姓举子的考卷都给挑出来了，压在砚台下面，不放在一甲挑选之列，看你怎么中状元。当晚，贡院不慎失火，原定给皇帝看的一甲试卷全部烧毁，林姓的试卷因为压于砚台之下反而幸免于难。

第二天，主考官为了交差，只能又将林姓举子的试卷一并呈上，结果这一科，皇帝钦点一名状元，一名探花，其余均中二甲进士出身。事后，主考官私下感慨："真乃无林不开榜呀。"

传说毕竟是传说，真假无法考证，但林氏一门历朝历代科举为官的确实是比比皆是。

其实我倒认为这就是家风的力量。

《孟子》说"天下之本在国，国之本在家，家之本在身。"家风正则后代正，则源头正，则国正。

《大学》说："一家仁，一国兴仁，一家德，一国兴德。"

宋代名相司马光说，"我写的《家范》比《资治通鉴》更重要，因为家风是世风之基。"

这就是先哲们对家风重要性的论述,这就是家风的力量。

下一节我们一起去了解"雪中救人,冯琢庵官至太史"的故事。

06 雪中救人,冯琢庵官至太史

原文:

冯琢庵太史之父,为邑庠生。隆冬早起赴学,路遇一人,倒卧雪中,扪之,半僵矣。遂解己绵裘衣之,且扶归救苏。梦神告之曰:汝救人一命,出至诚心,吾遣韩琦为汝子。及生琢庵,遂名琦。

第五个故事。

太史冯琢庵的父亲名叫冯子庸,当年还是秀才的时候,有一年冬天,大雪纷飞,天气特别寒冷。冯子庸一早去学院读书,路上突然看见一个人倒在路边的雪中,赶紧走过去一摸,已经快冻僵了。冯子庸赶紧脱下自己的棉衣给这人穿上,并把这人带回家中救了过来。

晚上睡觉时冯子庸做了一个梦,梦见一个神人对他说:"你救人一命,不求回报,是出自赤诚之心,我让韩琦投胎去你家给你当儿子。"

后来生了冯琢庵,冯秀才就按照梦中神人的盼咐,给儿子取名"冯琦"。太史冯琦的名字就是这么来的。

这就是救人性命,天降贵子的故事。

咱们先看看冯琦是何许人也。这位冯琦,号琢庵,山东人,出生于嘉靖三十八年(公元1559年),和了凡是一个年代的人,

第三篇
积善之方

后来还同朝为官。了凡写这篇"积善之方"的时候,冯琦正当着礼部侍郎,是一名史官,所以了凡称冯琦为太史。

冯琦家学渊博,世代书香,曾祖冯裕,爷爷冯惟重,父亲冯子庸都是进士,当然也都是官员,所以冯琦是妥妥的官四代。冯琦年少之时就特别聪明好学,万历五年(公元1577年),19岁的冯琦考中了进士,做了翰林院编修,参与了《大明会典》的编撰,少年得志,仕途也是一帆风顺,一路升迁,年纪轻轻就做到了礼部尚书。

冯琦为官清廉,敢于直言,历史上流传下来不少冯琦的奏章,里面多是为民请命和针砭时弊的内容。比如在《肃官常疏》里,冯琦写道:"士大夫精神不在政事,国家之大患也。"意思是说,现在当官的精神头没放在为国家办事上,这是一个很大的隐患。在奏章里冯琦还列举了官员贪腐的手段,分析腐败给国家带来的弊端。

冯琦还直接向皇帝提出了治理腐败的具体措施。奏章里写道:"有才无守者,不得滥与荐章;已列脏迹者,不得止拟降调……后来勘问,定须明正法典,勿致曲为宽纵。"意思是说,那些有才能但是腐败的官,不能提拔;已经发现有腐败行为的,不能只是简单地降职处理……建议以后,一旦发现,就要按照法律严加处理,绝对不能姑息。类似的奏章还有很多,比如《矿税疏》,等等。

冯琦是一个天才,不但做官勤于政事,还是一位文学家、诗人,现在流传在世的有冯琦写的《宗伯集》81卷,里面收录了300多首诗歌。冯琦作诗,崇尚乐府、建安之风,他写的文章,仿苏东坡的笔法,善于将哲理结合在叙事、抒情之中,如《游冶源记》《游石门山记》等作品。

用心学《了凡四训》

冯琦还写了三百多万字的《经济类编》，里面的内容包罗万象，几乎包含了当时人关注的大部分学科，可见冯琦知识渊博。后来冯琦又写了《宋史纪事本末》，没有完稿就去世了，去世时才44岁，皇帝赐谥号"文敏"。宰相张居正评价他"此幼而硕者，国器也。"意思是"此人年纪轻轻但成就如此之大，真是国家的栋梁之材呀。"

了凡和冯琦同朝为官，而且冯琦的级别比了凡高了很多级，所以写冯琦名字的来历自然不敢胡说，有可能这个典故是冯琦自己说的，或者是冯琦的亲朋好友和了凡说的。那么这个投胎转世的韩琦又是哪位"大牛"呢？

韩琦是北宋政治家，词人，宋仁宗天圣五年考中进士，巧合的是，这一年韩琦恰恰也是19岁。韩琦和范仲淹是同事，俩人一起率军抵御西夏，合称"韩范"。后来和范仲淹等人一起主持了"庆历新政"，官至尚书令。欧阳修给韩琦的评语是："临大事，决大议，垂绅正笏，不动声色，措天下于泰山之安，可谓社稷之臣。"

韩琦也是一位词人，他写的诗词风格上，平铺直叙，自然高雅。

一个是宋代的韩琦，一个是明代的冯琦，咱们对比一下这两个人。

第一，两个人都是19岁考中的进士，韩琦是天圣五年进士，冯琦是万历五年进士，巧合度够高的；

第二，两人当官都很清正廉洁，敢于直言，而且两个人当官都当到了尚书；

第三，都是诗人，都文采飞扬，而且诗文都崇尚乐府、建安时期的古风，文章风格都差不多；

第四，一个被赞为"国器"，一个被赞为"社稷之臣"，政治上都有重大贡献。

第五，两人的名字都叫"琦"。

瞧瞧，这就难怪了凡在书中说，冯琦是韩琦的转世再生了，因为韩琦和冯琦这两个人的相似点真的是太多了。

了凡先生讲的积善故事真是越来越有意思了。下一节中我们一起去学习"救人危急，应公阴阳双尚书"的故事。

07 救人危急，应公阴阳双尚书

原文：

台州应尚书，壮年习业于山中。夜鬼啸集，往往惊人，公不惧也。一夕闻鬼云：某妇以夫久客不归，翁姑逼其嫁人。明夜当缢死于此，吾得代矣。公潜卖田，得银四两。即伪作其夫之书，寄银还家。其父母见书，以手迹不类，疑之。既而曰：书可假，银不可假，想儿无恙。妇遂不嫁。其子后归，夫妇相保如初。

公又闻鬼语曰：我当得代，奈此秀才坏吾事。旁一鬼曰：尔何不祸之？曰：上帝以此人心好，命作阴德尚书矣。吾何得而祸之？应公因此益自努励，善日加修，德日加厚。遇岁饥，辄捐谷以赈之；遇亲戚有急，辄委曲维持；遇有横逆，辄反躬自责，怡然顺受。子孙登科第者，今累累也。

第六个故事。

浙江台州有个人，名叫应大猷，官至刑部尚书，后人尊称他为应尚书。应尚书年轻的时候性格豪爽，很是传奇。了凡写的这个"阴德尚书"的故事，后来在《光绪仙居县志》里也有记载。咱们结合起来讲。

话说应尚书当秀才的时候，在台州府西门外三里地的洁溪书院读书。从城里到书院要路过山中的一个乱葬岗，乱葬岗到了夜里，群鬼出没，应尚书从小胆子大，也不害怕。

应尚书好交朋友，经常和朋友喝酒到很晚。一天，正好路过此地，忽然听到两个鬼在那说话。

只听那鬼兴高采烈地说："有个叫张滔的人，出门打工很久没有音信了，他家很穷，公公婆婆认为张滔已经死在外面了，逼着张滔的老婆改嫁，这女人不愿意，明天晚上会来这里上吊而死，有她替我，我就可以投胎去了。"

应尚书听了大惊，暗想救人一命，胜造七级浮屠。于是赶紧回家，次日卖了一块田地，以张滔的口吻写了一封信，连同卖地的四两银子送到张滔家中。

张滔的父母见到书信，一看笔迹不对，有些怀疑，但一想："书信可以造假，银子可是不假，想来是儿子张滔派人送来的。"儿子还活着，就不逼着儿媳改嫁了。后来张滔果然回来了，夫妻俩终于得以团圆。

转天，应尚书又路过乱葬岗，听到那鬼恨恨地说："我本来能找个替身，这个秀才坏了我的好事。"

另一个鬼说："那你怎么不报复他？"

那鬼愤愤不平地说："玉帝因为这个人心善，已经封他做了阴德尚书，我哪敢报复他呀？"

应尚书听了这些，从那以后更加注意修心养性，德行每日剧增。遇到灾难，就捐粮食设粥棚赈济灾民；遇到亲朋好友有难处，想尽办法去帮忙；遇到有人对自己横加责难，便换位思考，反省自己是不是有做得不对的地方，也就不急不恼了。如今他的子孙考中科举的非常之多。

应大猷的一生颇具传奇色彩，明史和民间对他的记载和传说

第三篇
积善之方

还真是不少,这位应尚书一生文治武功,那真是文能治国,武能安邦,最牛的是活得久,一个人经历了大明六位皇帝,一直活到95岁,人送外号"百岁尚书"。咱们捡重点的了解一下。

应大猷是浙江仙居人,应家在仙居县算是大户人家,爷爷应巨,老爹应匡都是乐善好施之人。少年时代的应大猷由外公王存忠亲自教导学业,这位王存忠曾经在镇江当过知府,是明朝历史上有名的清官。在爷爷、老爹,特别是外公的教导下,应大猷继承了良好的家风、家教。

应大猷科举挺顺利的,18岁中秀才,21岁中举,28岁就考中进士,从此开始了长达五十多年的官场生涯。

应大猷中进士以后,去南京做了刑部主事,正赶上宁王朱宸濠造反。这位宁王朱宸濠是明成祖朱棣的儿子,他也想象他爹朱棣一样,造侄子的反,自己当皇帝。应大猷于是献策给巡抚,在平叛中立下大功,升职去了兵部职方司,后来又被派到广东剿灭土匪作乱,再后来当了山东巡抚,又挫败了蒙古俺答的入侵。逢战必胜,应大猷的军事才华展现得是淋漓尽致。

在文官任上,应大猷的表现也是可圈可点。他为官清廉,曾经两度在广东、云南做巡抚,当地盛产珍珠、象牙,应大猷从不中饱私囊,每次卸任都是轻车简从,带走的没有一车车的财物,只有仆人挑着的一担书简。百姓送他一副对联,"官行一担书,民送两行泪",可以说是对应大猷最高的评价。

后来,应大猷回京升任刑部尚书,一心为公,平反了很多冤案。朋友劝他,说你这样太得罪人了,他正色说:"吾为命官,只知守三尺法耳,不知其他!"后来,严嵩专权,户部郎中孙绘被诬陷入狱,应大猷多方搭救,得罪了严嵩之子严世蕃,被迫告老还乡。

辞官后,他散尽家财救济乡亲,著书立说,致力于教育,为仙居的教育事业作出了重大贡献。现在仙居县还有应大猷的故居，供后人凭吊。

应大猷的一生，不论是为民还是为官都能一心为他人着想，即使不认识的陌生人也能舍财救人，难怪明史记载和民间传说都如此之多，真是积善的楷模呀。

下一节我们一起去看看"赈灾济贫，徐凤竹官居都堂"讲的又是什么故事呢？

08 赈灾济贫，徐凤竹官至都堂

原文：

常熟徐凤竹栻，其父素富。偶遇年荒，先捐租以为同邑之倡，又分谷以赈贫乏。夜闻鬼唱于门曰：千不诳，万不诳，徐家秀才，做到了举人郎。相续而呼，连夜不断。是岁，凤竹果举于乡。其父因而益积德，孳孳不息，修桥修路，斋僧接众，凡有利益，无不尽心。后又闻鬼唱于门曰：千不诳，万不诳，徐家举人，直做到都堂。凤竹官终两浙巡抚。

第七个故事。

江苏常熟人徐栻，号凤竹。他的父亲在当地颇有田产，是个有钱人。徐父心善，遇到收成不好的时候，不但不收农户的租子，还拿出粮食赈济穷人。

一天晚上听见有鬼在门外唱歌："不骗你呀，不骗你，徐家秀才，能考上举人郎。"鬼歌缥缈，彻夜不停。

那一年，徐凤竹去参加乡试，果然考中举人。徐父从此做起

第三篇
积善之方

善事来更加积极，又是铺路修桥，又是布施出家人，又是接济百姓，只要能帮助别人的事，处处尽心尽力。

后来又听到鬼在门外唱歌："不骗你呀，不骗你，徐家举人，做官做到都堂。"后来徐凤竹果然做了两浙巡抚。

这位徐栻，徐凤竹，嘉靖二十六年考中进士，去宜春县担任知县，在任期间，不畏权贵，设计惩治了宰相严嵩的不法家人，弄得严嵩有苦说不出。可见，徐栻不是一个死读书的迂腐书生。

后来一步一步升迁，当了南京都察院御史，这是一个谏官，职责有点像现在的监察委。徐栻参与了弹劾严嵩的行动，没有成功，被贬到浙江布政司做了都事，一直到隆庆五年才被重新提拔做了顺天府尹，相当于现在的北京市市长的职务，到了万历年间，又升任工部侍郎。

此时，关于开挖胶莱河水路，打通南北水陆交通的议案在朝廷展开了辩论，当时的工部尚书刘应杰和徐栻主张开挖，议案得到了首辅张居正的支持。徐栻和刘应杰、张居正本同科的进士。结果没想到胶莱河的地质条件竟然很差，当时的工程技术手段根本无法实现，花了很多的钱，最后无功而返。

再后来，徐栻先后外派出任了江西巡抚和浙江巡抚，又因功提拔当了南京工部尚书。史书记载徐栻"扬历中外，敏练通达，与人交，款洽有情"，并且"崇尚节俭，以身先之"。可见徐栻做官时的名声很好。

这位徐尚书的公开资料非常少，这里也就只能给大家简单介绍这些了。

另外，这一节的案例里提到了有鬼唱歌，鬼歌中有徐栻中举，做官等预言。有些读者可能会问，为什么古人总是喜欢拿鬼神来说事呢？这一节里就给大家讲讲这个知识点。

其实,这些都是受到古代"谶纬"思想的影响("谶"的读音是[chèn]),"谶纬"是对古代预言书"谶书"和"纬书"的合称。

《四库全书总目提要》里写道:"谶者诡为隐语,预决吉凶。纬者经之支流,衍及旁义"。现在还流传于世的《推背图》《烧饼歌》等就属于谶书。谶大概起源于先秦时期,纬通常认为出现在西汉。后来谶、纬逐渐合流,在实质上没有多大区别了,说白了谶纬都是一些神学预言。

历史上有些比较著名的谶纬。大家可以了解一下。

秦始皇时,方士卢生入海求仙,带回《图录》一书,书中有"亡秦者胡也"的谶语。秦始皇误以为说的是匈奴,于是命蒙恬率30万大军北击匈奴,后来历史表明,"亡秦者胡"指的是始皇帝的儿子秦二世胡亥。

南北朝后期,曾流传过一条神秘的预言"黑衣为天子"。一时间纷纷扰扰,地处北方的西魏皇帝宇文泰下令军队都穿黑衣,举黑旗;梁武帝萧衍更是因为当时的僧人都穿黑色僧袍而出了家,一边当皇帝,没事就去寺庙念经去。乱象纷纷,后来,穿黑衣的北周灭掉了北齐,统一了北方。就在大家都以为北周皇帝就是预言中的天子时,却是暗地里笃信佛教的杨坚废掉了北周的小皇帝,统一了天下,建立了大隋朝。

隋代,隋炀帝时期,又出来一个谶语,说"十八子做天子",隋炀帝认定是李穆有嫌疑,把李穆所在的陇西李姓家族全部杀光灭族。结果隋炀帝没想到的是,终结大隋天下的却是他的表哥李渊,李渊随后建立了大唐帝国。

到了唐代,唐太宗李世民时期,又有预言说"唐三世以后,女主武王代有天下",唐太宗以为是李君羡。李君羡当时的官职是左武卫将军,封号是武连县公,属县是武安县,皆有"武"字,巧合的是还有个狗血乳名叫"五娘子",也有"武"的发音。李世民对此甚是怀疑,就不再让他管辖皇宫的防卫。后来又有好事的御史弹劾李君羡图谋不轨,结果倒霉的李君羡被唐太宗处死,后来历史表明预言里"武"说的是武则天。

历史上类似的谶言还有很多,对错不知,真假不明,但谶纬思想的确对中国古人的认知,产生了一定的影响。

就连本讲故事中出现的鬼歌预言,其实也是一种谶言。知识点就简单介绍到这里,下一节中咱们一起去看看"屠公减刑,屠家子皆做显官"的故事。

09 屠公减刑,屠家子皆做显官

原文:

嘉兴屠康僖公,初为刑部主事,宿狱中,细询诸囚情状,得无辜者若干人。公不自以为功,密疏其事,以白堂官。后朝审,堂官摘其语,以讯诸囚,无不服者,释冤抑十余人,一时辇下咸颂尚书之明。公复禀曰:辇毂之下,尚多冤民,四海之广,兆民之众,岂无枉者?宜五年差一减刑官,核实而平反之。尚书为奏,允其议。时公亦差减刑之列。梦一神告之曰:汝命无子,今减刑之议,深合天心,上帝赐汝三子,皆衣紫腰金。是夕夫人有娠,后生应埙、应坤、应埈,皆显官。

第八个故事。

嘉兴人屠勋,最初当刑部主事的时候,晚上经常去刑部大牢里,仔细了解各个囚犯的情况,结果发现里面有十几个无辜的人。

屠勋不贪功，而是把这些人的冤情写下来，悄悄报告给刑部尚书。刑部尚书按照屠勋写的情况重新审理这些案子，果然都有冤情，于是释放了这十几个人。一时间上上下下都称赞尚书大人办案英明。

屠勋趁机向尚书建议："天子脚下，尚且有含冤之人，天下之大，百姓众多，哪能没有冤案呢？建议朝廷每五年派一批减刑官核实案件，如有冤情要及时纠正。"尚书上报朝廷，皇帝准奏。

屠勋当时也被派去出任减刑官，一天夜里，梦见一个天神跟他说："你命里本应无子，但现在你提出减刑的建议，合乎天道，老天赐给你三个儿子，都有身穿紫袍，腰系金带的富贵命。"后来夫人果然生了三个儿子，分别是屠应埙、屠应坤和屠应埈，后来果然都做了高官。

故事中的主人公屠勋，字元勋，号东湖，浙江平湖人，后来一直官至刑部尚书，退休后住在嘉兴，死后谥号"康僖"，所以原文中称呼屠勋为嘉兴屠康僖公。屠勋做了近四十年的官，不论是刑部还是都察院、大理寺，基本都与司法相关。在任期间，秉公执法，不畏权贵。咱们讲几个例子。

屠勋在刑部任员外郎的时候，发现了一起冤案。京城有一个叫季胜的人，是一个大户人家的仆人，这人为了谋夺主人家的财产，设计了一条毒计。先是诱导主人家的儿子造假币，造好之后他又去官府告密，结果主人一家被判流放，季胜乘机霸占了主人的家产。这个案子上上下下都知道有冤情，但牵扯挺广的，没人愿意出头翻案，结果屠勋不怕得罪人，重新审理此案，最后季胜罪有应得被判流放，财产重归主人一家。

还有一个案子，更是涉及权贵。弘治十年的时候，皇亲国戚寿宁侯张鹤龄和河间府的一个平民争夺地产，官司打到了屠勋这

第三篇
积善之方

里。结果屠勋认真调查，认为寿宁侯不占理，于是如实上奏皇帝："食禄之乡不言利，况母后诞毓之乡，而与小民争寸地，臣以为不可。"大概意思是"河间府是太后的出生地，作为太后的亲戚和小百姓争夺土地，我觉得这事干得不太漂亮。"皇帝准奏，于是百姓胜诉，保住了土地。

正德三年，大宦官刘瑾专权，要求六部官员大事小情，都得先向刘瑾汇报，然后才能上报皇帝。好多人都劝屠勋，人在屋檐下怎能不低头，屠勋坚决抵制，就是不向刘瑾汇报。于是刘瑾怀恨在心，老是给屠勋穿小鞋。咱以前说过正德皇帝明武宗糊涂蛋一个，这官是没法做了，屠勋干脆托病退休，告老还乡。

屠勋不但做官刚正不阿，家风家教也很自律。大明朝屠氏一门四代出了七个进士，屠勋有三个儿子都是进士，屠应埙官至湖广按察司屯田副使，屠应坤官至云南布政司参政，屠应埈官至右春坊右谕德兼侍读。

三个儿子中，屠应埈为官最是耿直。屠应埈任职的右春坊是教导皇太子的机构，这个机构权力不大，但因为涉及皇位的继承人，将来前途远大。所以好多官员走后门进这个机构，于是有御史把这事捅到皇帝那去了，还附了名单，屠应埈也在名单里。皇帝看后大怒，下旨罢免了右春坊十七名官员，唯独下旨留下了屠应埈。

有人对屠应埈说："皇上如此看重你，你现在赶紧上个谢恩折子，打打溜须，将来必定前途无量呀。"

应埈说："蒙皇上看重，我没被免职，我很感激，但让我攀龙附凤，不是我的志向。"

为明心志，直接上了一个辞官折子。屠应埈的刚正性格可见一斑。

这就是屠氏一门。后来屠勋去世,大学士杨一清为他写了墓志铭:"公惠在人,公名在史。"屠公美名传于后世。

下一节我们一起来了解"捐衣修庙,子孙登第享世禄"的故事,看看江南世家的优秀家风是怎么传承的。

10 捐衣修庙,子孙登第享世禄

原文:

嘉兴包凭,字信之,其父为池阳太守,生七子,凭最少,赘平湖袁氏,与吾父往来甚厚。博学高才,累举不第,留心二氏之学。一日东游泖湖,偶至一村寺中,见观音像,淋漓露立,即解橐中得十金,授主僧,令修屋宇。僧告以功大银少,不能竣事。复取松布四疋,检箧中衣七件与之,内纻褶,系新置,其仆请已之。凭曰:但得圣像无恙,吾虽裸裎何伤?僧垂泪曰:舍银及衣布,犹非难事;只此一点心,如何易得。后功完,拉老父同游,宿寺中。公梦伽蓝来谢曰:汝子当享世禄矣。后子汴,孙柽芳,皆登第,作显官。

第九个故事。

嘉兴县有个人叫包凭,字信之,他的父亲包鼎曾经做过池阳知府。包鼎生了七个孩子,包凭最小,因此让他入赘到平湖袁家做了女婿。包凭与了凡的父亲袁仁投脾气,两人常有往来。包凭学识渊博,可惜运气不好,科举多年也没有考中,于是开始一心钻研佛道两家的学问。

有一天,包凭去泖湖游玩,偶然看见一座庙,庙宇破旧,连

第三篇 积善之方

观音菩萨的法相都暴露在风雨之中，于心不忍，就从包裹中取出十两银子，捐给主持，让和尚们用于修缮庙宇。

主持说庙宇破旧，修复工程较大，这些银子不够用。包凭听闻又拿出四匹松布，又从衣箱里找出七件内衣一并捐给主持，里面有一件麻布夹袄是新置办的，仆人劝他留着自己用。

包凭说："只要观音菩萨法相能够避免风吹雨淋，我就是赤身裸体又有何妨？"

主持感动得直落泪，说："施舍银子、布匹和衣服这都不是难事，难得的是施主您的礼佛之心如此赤诚。"

后来庙宇修缮完毕，包凭特意带着老父亲一起游玩，就住在庙里。当晚梦见庙里的护法伽蓝对他说："你诚心礼佛，你的子孙将来都会做官。"

后来包凭的儿子包汴、孙子包柽芳果然都考中进士，做了高官。

包家在嘉善是名门望族，包凭的爷爷包俊进士出身，官至礼部郎中，相当于现在的正厅级干部。老爹包鼎也是进士出身，做过池阳知府，相当于现在地级市的市长。到了包凭这，呵呵，了凡原文中说了，学识渊博就是考不中举人。不过学识渊博是肯定的，古代讲究的是门当户对，志同道合，不然哪能和了凡的老爹袁仁是好朋友呢。

不过包凭虽然只是个秀才，生的儿子包汴、孙子包柽芳、曾孙子包鸿逵可都是进士。特别是包柽芳在通州当盐运使判官的时候，主持修筑了著名的"包公堤"，弥补了宋朝范仲淹修筑的"范公堤"的缺口，造福一方百姓。包鸿逵任湘潭知县的时候主持修建了万楼和岸花亭，现在在湘潭还流传着包知县勤政爱民的故事。

古时候书香门第的家族传承之稳定，家风要求之优秀，这不得不让我们现代人佩服。

　　写到这里,有心人可能会产生一个疑问,为什么古代故事中的这些家族都能一代一代地传承下去,而不是昙花一现?我们一起来探讨一下这个问题。

　　俗话说:"富不过三代",这句话是从《孟子》说的"君子之泽,五世而斩"演变而来,完整的句子是:"道德传家,十代以上,耕读传家次之,诗书传家又次之,富贵传家,不过三代。"

　　孟子为什么这么说?因为孟子懂人性,知道人都是有惰性的,以道德传家,后人明白了道理,懂得提高自己的品德,自然可以传承得久远;以耕读传家,在各种劳动中亲力亲为,明白了家族的声誉和财富来之不易,也会传得久远一些;以诗书传家,在学习知识后明白道理,但理论终究比不上实践,所以比耕读又差些;而富贵传家,下一代不知上一代的辛苦,只知享受,就算家里积攒的钱财再多,也终会有坐吃山空的一天,所谓"富不过三代"说的就是这个道理。

　　归根结底,家族的传承最重要的是道德的传承,具象化就是家风的传承。古今中外都是这个原理。大家可以看看孔子家族的传承,至今已经2500多年了;道教开创者张道陵的家族,至今也2000多年了;宋代范仲淹家族的传承也历经近千年岁月了。这些以德传家的典范都做到了生生不息,延绵不绝。

　　这里的传承说的不是生殖上的繁衍,说的是家族代有人才出,都能受到社会的认可、百姓的尊重。

　　咱们说点浅显的道理,无论哪个社会,谁会喜欢为富不仁、假仁假义、傲得尾巴翘到天上的人?大家喜欢的永远都是善良、谦虚的人,这是整个人类社会都共同遵守的准则。

　　因为善良、谦虚的人更有亲和力,懂得为他人着想,做事有底线，内心强大，自然会受人尊敬，所谓得道多助，失道寡助。一个心善并且行善的人，别人都愿意帮他一把，当然可以守住家业，甚至成就更大的事业。每一代人都坚守这样的传承原则，自然家族的传承会比普通人家久远。

本节就到这里。下一节我们一起去了解"世代行善，小门户终变书香"的故事。

11 世代行善，小门户终变书香

原文：

嘉善支立之父，为刑房吏。有囚无辜陷重辟，意哀之，欲求其生。囚语其妻曰：支公嘉意，愧无以报。明日延之下乡，汝以身事之，彼或肯用意，则我可生也。其妻泣而听命。及至，妻自出劝酒，具告以夫意。支不听，卒为尽力平反之。囚出狱，夫妻登门叩谢曰：公如此厚德，晚世所稀。今无子，吾有弱女，送为箕帚妾，此则礼之可通者。支为备礼而纳之，生立，弱冠中魁，官至翰林孔目，立生高，高生禄，皆贡为学博。禄生大纶，登第。

凡此十条，所行不同，同归于善而已。若复精而言之，则善有真，有假；有端，有曲；有阴，有阳；有是，有非；有偏，有正；有半，有满；有大，有小；有难，有易。皆当深辨。为善而不穷理，则自谓行持，岂知造孽，枉费苦心，无益也。

第十个故事。

嘉善人支立的父亲名叫支茂，当年在县里的刑事房做一名胥吏。胥吏的身份在古代挺尴尬的，既不是官，也不算普通老百姓。

朝廷规定胥吏没有参加科举考试的资格，说老实话这一点连农民都不如。但是有一弊就有一利，胥吏毕竟是在衙门工作，总有些小权力，帮人办点事，搂点小钱，所以胥吏的口碑一般不怎么好。但是支茂和其他胥吏不同，此人心善，非常正直。

一次，支茂发现有一个无辜的人被判了死罪，于心不忍，就提出想帮帮这名犯人。上面讲了，一般胥吏的口碑不怎么好，犯人也认为支茂愿意帮自己必有所图，所以趁妻子来探监的时候，对妻子说："支公想救我，这也是一番好意，咱家也没啥能报答人家的，明天你请他到家里去吃个饭，也只能委屈你了，用身体报答他吧，或许他会上点心办我的案子，这样也许我能活下来。"

女人哭着答应了。第二天，女人果然将支茂请到家里，摆酒道谢，并且把犯人的意思和支茂说了。没想到支茂坚决不同意，说我如果这样办了，岂不成了衣冠禽兽。后来支茂还是尽全力帮助犯人洗清了罪名。

犯人出狱以后，知道支茂办事不图回报，非常感动。两口子一番商议之后，一起去支茂家中道谢。犯人说："先生这样的品德，我从来没有见过，您的救命之恩我也没法报答，我们两口子商量过了，您到现在还没有儿子，我们有个女儿，就嫁给您做个偏房吧，这样既合乎礼仪，也全了我们的报答之心。"

支茂听闻觉得有道理，就同意了，择吉日备好聘礼迎娶了犯人的女儿，后来生了个儿子取名支立。支立年少好学，年纪轻轻就考中了举人，后来去翰林院做了一名文书。支立后来生了支高，支高生了支禄，学识渊博都当了学官。支禄再后来生了支大纶，终于考中了进士。

支家世居嘉善，一直没出过科举及第的族人，几代人坚持行善，到了支立这一辈考中了举人，这对于支家绝对是鲤鱼跃了龙

第三篇
积善之方

门,从此从普通百姓家庭进入士绅阶层。支立因为没有考中进士,所以终其一生最高只能做一个翰林院的孔目,就是文书,相当于从七品的官。支立虽然没有考中进士,但支立所著的《十处士传》后来被收录进《四库总目》之中,可见学问上是十分优秀的。

支家经过几代人的发展,到了支大纶这一辈,已经妥妥地是官宦家庭、书香门第了。书中的这位支大纶,和了凡既是同乡又是好朋友,支大纶比了凡小一岁,史书记载两人"同笔砚""为金石交",用现在网络语言就是"老铁"。嘉善当地把支大纶和了凡并称"支袁"。后来平湖赵维寰在其《雪庐焚余续草》中称:"武塘人物……今日者其在前辈尚有袁了凡之博学、支华平(大纶)之清直,皆足千秋。"

支大纶和了凡要不是好哥们呢,你看,哥儿俩年纪都差不多,官场混得都不咋地,支大纶一共当了五年官,最高也做到知县,也是得罪了上头被罢了官。不光这些,就是脾气秉性,做官的操守哥儿俩都差不多,同样的在明史中没啥记载,但同样在民间名气很大。

支大纶做人和持家都很有一套。做人上他曾经写过一个座右铭:"丈夫遇权门须脚硬,在谏垣须口硬,入史局须手硬,值肤受之愬[sù]须心硬,浸润之譖[zèn]须耳硬。"

这里提到的五个硬,就是支大纶、了凡这样的开明文人追求的人生气节。第一个"硬"是腿脚要硬,不要屈从权贵;第二个"硬"是口要硬,要敢于抨击时弊,揭露腐败;第三个"硬"是手要硬,要秉笔直书,既不夸大其词,也不隐藏缺点;第四个"硬"是心要硬,受到诬陷、威胁、打击的时候,不要屈服;第五个"硬"是耳要硬,也就是不要听信小人的谗言、吹捧、溜须拍马。

持家上支大纶亲自写了《酌家训》,对于勤俭持家提了七不可,分别是：不可为了美食而杀生；不可追逐时尚；不可玩物丧志；不可为了面子打官司，然后花钱行贿；不可借钱结交权贵；不可铺张浪费；不可轻信巫术，有病要找大夫。

总的来说，支氏家族从社会底层上升到士绅阶层，跟支家重视教育，重视个人操守和行善是分不开的，这是这个家族能够改变命运的关键。

到此，十个积善故事就都讲完了。这一部分讲的是积善到底有啥好处。根据这十个案例，了凡先生总结了积善的八大属性，他是这样总结的。

"以上这十个故事，所做的善事各有不同，但都可以算是存善心，做善事。善事如果再往细里归纳，那么善有真假、端曲、阴阳、是非、偏正、半满、大小、难易八大属性。其中的不同，大家要仔细辨别，如果想做善事，却没有提前搞清楚做善事的道理，结果自认为自己做的是善事，其实反而是在造孽，好心办坏事，白白浪费自己的一片苦心，一点好处都没有。"

了凡先生写书的逻辑性非常强，先介绍十个积善得福的案例，让读者从感性上有个初步的认识，后面则开始阐述善的属性，帮助读者从理性上明白做善事都有哪些维度。只有明白了善的属性，做起善事来才会有正确的标准，才不至于出现偏差。下一节咱们就开始介绍善的八大属性都是什么。

12 什么是真善，什么是伪善？

原文：

何谓真假？昔有儒生数辈，谒中峰和尚，问曰：佛氏论善恶

第三篇 积善之方

报应,如影随形。今某人善,而子孙不兴;某人恶,而家门隆盛。佛说无稽矣。中峰云:凡情未涤,正眼未开,认善为恶,指恶为善,往往有之。不憾己之是非颠倒,而反怨天之报应有差乎?众曰:善恶何致相反?中峰令试言其状。一人谓:詈人殴人是恶,敬人礼人是善。中峰云:未必然也。一人谓:贪财妄取是恶,廉洁有守是善。中峰云:未必然也。众人历言其状,中峰皆谓不然。

因请问。中峰告之曰:有益于人,是善;有益于己,是恶。有益于人,则殴人、詈人皆善也;有益于己,则敬人、礼人皆恶也。是故人之行善,利人者公,公则为真;利己者私,私则为假。又根心者真,袭迹者假。又无为而为者真,有为而为者假。皆当自考。

善的第一种属性。怎么区分真善和伪善?

元朝时,有几个书生相约一起去拜访中峰和尚。寒暄之后,宾主落座。

一名书生开门见山,直截了当地问:"禅师,你们佛门说善恶皆有报应。可是您看当下,有的人明明处处行善,可是子孙却不兴旺;有的人明明是个恶人,可家里却大富大贵。佛门说善恶报应,就像影子跟着身体一样,十分快速灵验。可是我看着也没有那么灵验呀。"

这个问题提得非常尖锐,即便在现代,恐怕也有很多人有这个疑问,比如说村匪路霸、贪污腐败的官员、为富不仁的商人,一个个都有钱有势的,活得舒舒服服,咋没见有啥报应呢?咱们看看禅师怎么回答。

中峰禅师说:"人呐,凡心太重,总是被世俗蒙蔽了双眼,看不清事情的本质,常常把善当成恶,把恶当成善。所以俗人经常不怪自己分不清善恶,却老是埋怨老天报应得不对。"

禅师有大智慧，不马上和书生辩论佛祖说得对不对。因为如果就事论事，展开辩论，就成了他说对，你说不对，没完没了，变成泼妇吵架了。禅师直接谈本质，说善恶二字，你们根本就没分清，真亦假来假亦真，你先分清善恶，再来谈佛祖说得对不对。

果然，书生们都很上道，纷纷问禅师："善就是善，恶就是恶，善恶我们怎么会分不清呢？"

中峰和尚一看这帮小子有点不服气呀，就顺势说："那你们说说什么是善？什么是恶？"书生们一听这话，心想这还不容易。纷纷打开了话匣子。

一个书生说："骂人、打人是恶，尊敬他人、礼遇他人是善。"

中峰摇头说："不一定。"

另一个书生说："贪财好物是恶，廉洁奉公是善。"

中峰又摇头说："那也不一定。"

一时间，书生们七嘴八舌，说了一大堆善恶的区别，中峰都摇头说："不一定。"

于是，大家不服气，纷纷问禅师："那您说说什么是善恶？"

中峰和尚语重心长地说："做有益于他人的事，是善；做只有益于自己的事，是恶。只要有益于他人，即便是打人骂人也都是善；只要出于自私自利的目的，即便是尊敬人、礼遇人也都是恶。"

看众书生都低头沉思，好像不太理解的样子。

中峰和尚接着说："人要去行善，只要是有利于他人，就是出于公心，如果是出于公心那就是真善。只要是完全为了自己，出于私心那就是伪善；如果是发自肺腑地想去行善就是真善，不是发自内心只做表面文章的就是伪善；行善不求回报的是真善，带着目的为了回报的是伪善。这些区别，希望大家要认真去辨别。"

第三篇
积善之方

中峰和尚短短一席话把真善和伪善说了个透彻。出于公心，发自真心，不求回报，这三种情况下行善才是真善；反之，出于私心，流于表面，索取回报都是伪善。

您看，父母有时打你骂你，那是因为恨铁不成钢，为了你好，虽然方法欠妥，但没人怀疑这不是真善；再看，这社会上随处可见的伪君子，大骗子，满嘴的仁义道德，满嘴的漂亮话，贴己话，其实都是自私自利，为了达到骗人的目的才去干去说的，这种人绝对的假道学，真伪善，真真的大恶之人。

有了中峰和尚给的善恶标准，以后无论是自己行善，还是观察别人行的是真善还是伪善，都按照这三条标准去检测一下，既避免了自己误入歧途，在交际交往中也能分辨谁是真君子，谁是伪君子。

能讲出这样深刻的道理，中峰和尚一定是有大智慧的得道高僧。那么这位中峰和尚到底是何方高人呢？

下面咱们来隆重介绍一下中峰禅师，这位中峰禅师可不是普通人，乃是元朝最有名的一位高僧之一。中峰是他的号，明本是他的名，所以也称作中峰明本，元仁宗赐中峰法号"广慧禅师"。

大家都知道，元代是蒙古人统治中原，当时蒙古人的信仰是藏传佛教，对中原的汉传佛教根本就不感冒。可是几代元朝皇帝都对中峰和尚非常尊重，又是赐号，又是赐锦襕袈裟，甚至还封了国师的称号。当时的文人士大夫们更是以成为中峰和尚的门下弟子为荣。这是为啥呢？

宋末元初，禅宗开始走下坡路，很多禅宗弟子不再苦心修禅，而是出入庙堂，高朋满座。而中峰一改禅宗的积弊，重塑了禅宗弟子的风骨，帝王家和士大夫给的这些物质和荣誉，都不是中峰的追求。为了避开这些，中峰三十多年间东躲西藏，甚至一度长期住在船上。正是这种一心向佛的风范、对禅意的顿悟以及对物质享乐的不屑，获得了百姓乃至元朝皇帝的尊重。

中峰禅师不但一改禅宗的风气，还把禅宗思想传播到了云南、越南、蒙古、朝鲜和日本等地，中峰这一系后来直接成了明清两代的禅宗主流。了凡的人生导师云谷禅师，修行的禅意就是中峰明本禅师这一系的传承。从这一点来看，中峰禅师算得上是了凡先生在禅学上的祖师了。

善原来还有真假之分，真是不学不知道，一学吓一跳呀。积善之人还真的要好好参悟一下，因为分辨善的真伪是积善的第一步，真假不分何以行善？下一节咱们一起去学习善的端曲，善的端曲又怎么区分呢？

13 什么是端善，什么是曲善？

原文：

何谓端曲？今人见谨愿之士，类称为善而取之；圣人则宁取狂狷。至于谨愿之士，虽一乡皆好，而必以为德之贼。是世人之善恶，分明与圣人相反。推此一端，种种取舍，无有不谬。天地鬼神之福善祸淫，皆与圣人同是非，而不与世俗同取舍。凡欲积善，决不可徇耳目，惟从心源隐微处，默默洗涤。纯是济世之心，则为端；苟有一毫媚世之心，即为曲。纯是爱人之心，则为端；有一毫愤世之心，即为曲。纯是敬人之心，则为端；有一毫玩世之心，即为曲。皆当细辨。

善的第二种属性。什么是端善？什么是曲善？

第三篇
积善之方

平常咱们老百姓看见身边的老实人、老好人,一般大家都会夸他,说这个人人缘好,没有坏心,是个好人。但是圣人不这么看,圣人宁愿欣赏狂狷之人。

至于老百姓说的老实人、老好人,虽然周边的人都说他好,但圣人却认为这种人是"德之贼",是道德的败坏者。

您看,老百姓口中的善恶标准,和圣人说的是不是正好相反。从这个例子来推导,世俗之人许许多多的说法、做法,其实都是错的。

大家通常说:"老天爷惩恶扬善,报应不爽。""老天爷"判断善恶的标准其实和圣人用的是一个标准,和世俗之人的标准完全不一样。

这一段的说法恐怕颠覆了好多人的三观,天哪!怎么老实人成了道德败类了?"狂狷"这两字都带犬字旁,看着就不像好人呀,怎么圣人反而还欣赏呢?苍天呀,大地呀,这世界怎么有点乱呢?别急,别急,了凡先生这个提法其实来源于孔圣人说的话。下面咱们解释一下,大家就明白了。

先解释三个词,分别是"谨愿""狂狷"和"德之贼"。这个"谨愿"和"乡愿"是一个意思,一种人的两个叫法。这三个词都来源于《论语》。

《论语·阳货》中有孔子这样一句话:"乡愿,德之贼也。"瞧瞧孔老夫子给定了性,"乡愿"这种人就是"德之贼"。有的小伙伴又开始着急了,还是不知道具体啥意思呀?真别急,咱们的亚圣孟老夫子给出了完美的解释。

《孟子·尽心下》里说:"言不顾行,行不顾言,……阉然媚于世也者,是乡愿也。"又说:"非之无举也,刺之无刺也。同乎流俗,合乎污也。居之似忠信,行之似廉洁。众皆悦之,自以为是，而不可与入尧舜之道，故曰：德之贼也。"

用白话说，就是言行不一致，做人没啥原则，说话办事都按照当下的流俗，只要不得罪人，大家都说我好就行了。其实就是俗话说的"老好人"。这种人的特点是，你找他评理吧，他的做法是各打五十大板；你挨欺负了吧，他说你也有错；从小到大，从来不投反对票；你说他可恨吧，你又想不出他哪里该骂；你说他可爱吧，你又觉得这种人很恶心。

这种人就是以忠厚老实被人称道的"好好先生"，其实呢，这种人没有是非观念，混淆善恶，不主持正义，也不会主动抵制坏人坏事，所以孔子、孟子都说这种人是贼，是德之贼，是道德的败坏者。

了凡在书中写的"谨愿之士"指的就是这种人。另外书中提到的"狂狷"又是那种人呢？为啥圣人反而有些欣赏呢？

《论语·子路》里面有孔子这样一句话："不得中行而与之，必也狂狷乎，狂者进取，狷者有所不为也。"

这句话的意思是，如果找不到能行中庸之道的人，那么宁愿去找行为激进或者性格耿直的人交往，行为激进的人懂得锐意进取，性格耿直的人能够坚持原则。可见"狂"和"狷"说的是这两种性格不同的人。

孟子对孔子的这句话也做了解释，孟子说："孔子岂不欲中道哉，不可必得，故思其次也。"可见孟子认为能行中庸之道的人，是狂狷这两种性格优点都具备的人，如果找不到这样完美的人，就退而求其次，具备其中一种也是好的。

宋代理学家朱熹给出了更直接的解释，他说："狂狷者，如得良教，可以成为中行之人。"朱熹是接着孟子的话说的，意思是，狂狷这两种人，如果好好教导，可以成为圣人提倡的能行中庸之道的人。

这么一讲,大家应该就明白了,了凡先生为啥说圣人和世俗之人的善恶观不一样了吧?所以行善一定不要当"老好人",因为那么做不是行善,关键也没啥用,得不到福报,行善还是要有所为,有所不为。

接下来看看了凡先生认为什么是端曲?

了凡认为:"想要行善积德,别老想着做点善事恨不得全世界都知道,必须要从心源最深处,去掉这些想法。如果怀着一颗纯粹济世救人的心,就是端,如果有一点讨好世俗的想法,就是曲;如果怀着一颗纯粹爱人的心,就是端,如果有一点愤世嫉俗的想法,就是曲;如果怀着一颗纯粹敬人的心,就是端,如果有一点玩世不恭的想法,就是曲。这些都要仔细地分辨。"

这段话的原文里出现一个词"心源"。这个词一般在生活中用的少,生活中大家一般说心灵深处。"心源"是一个佛家用语,取"心为万法之源"的意思。《菩提心论》里有一句:"妄心若起,知而勿随。妄若息时,心源空寂。万德斯具,妙用无穷。"说的也是这个"心源"。

善的端曲是什么?归根结底说的还是一个修心的属性问题,是一种境界,强调的是一个人的自觉性,而且是一种纯粹的、不带任何私心杂念的自觉性。

了凡在这一段话中讲的是一个人想要行善,想要获得福报,那就要真正发自内心地去行善,不能带一点的功利心、私心和欺世盗名的心。否则得不到福报。现在有好多人老是抱怨自己一点坏事都没做,好人没好报,其实是没有分清善的端曲,自己还不知道。

前面提到的善的真假是说做善事要先利他然后利己,这里提到的善的端曲是做善事的纯粹性,那么善的阴阳属性又会讲些什么呢?一起去学习一下。

14 什么是阳善，什么是阴德？

原文：

何谓阴阳？凡为善而人知之，则为阳善；为善而人不知，则为阴德。阴德，天报之；阳善，享世名。名，亦福也。名者，造物所忌。世之享盛名而实不副者，多有奇祸；人之无过咎而横被恶名者，子孙往往骤发。阴阳之际微矣哉。

善的第三种属性。什么是阳善？什么是阴善？先看看了凡先生怎么说。

了凡先生给的定义非常简单。了凡认为："凡是做善事留名的，就是阳善；凡是做善事不留名的，就是阴善，能积攒阴德，老天爷会降下福报；积攒了阳善，会得到好名声，名声也是一种福报。"

了凡进一步解释道："但是，名声这个东西，其实和天道运行的规则不太契合。人的名声超过了自己的贡献，往往会有灾祸；相反，人做了好事却担了恶名的，子孙会得到福报。阴阳之间的关系就是这么微妙。"

大家看，前面一段其实挺好理解的，这里的阴阳可以理解成明暗，明着做好事和暗地里做好事。关键在于您做好事留不留名，留名就是阳善，不留名就是阴善。当然了，只要做好事，阳善和阴善都有福报。

这里我用的是"留名"，而没有用"求名"。因为是否留名了，你做的都是善事，只是分阳善和阴善而已；如果你做善事是为了求名，那你做善事的目的就不是为了别人，而是为了自己，那就变成真善和伪善的区别了。

第三篇
积善之方

　　举个例子。比方说小区门口有一堆垃圾，影响整个小区居民的生活。有个人想干点好事，把垃圾清走。他有这么几种做法。

　　第一种做法，默默地把垃圾清走了，大家受益了，但是也不知道是谁清走的，这就是积攒了阴德；

　　第二种做法，默默地把垃圾清走了，但是邻居看见了，给发到了业主群里，大家都说这个人道德高尚，为大家办了件好事，这就是阳善，您获得了好名声；

　　第三种做法，大张旗鼓地把垃圾清走了，还提前请了记者，请了网红报道，发到媒体上了，不知道真相的人还纷纷点赞。这就是伪善。这种情况看似做了善事，其实是为了求名，不但得不到福报，这种事干多了可能还有灾祸。

　　名声这个东西是个双刃剑，您得到的名声和做的善事相符合，这叫德配其位，那这个名声就是你的福报，这个名声会给您带来好的结果；如果您得到的名声远远超过了所做的善事，就是欺世盗名，德不配位，这就离出事不远了。

　　了凡在原文中提到，"名者，造物所忌。"直译就是，名声，是老天爷比较忌讳的。我结合语境把他翻译成：名声这个东西，其实和天道运行的规则不太契合。为啥这么说呢？

　　咱们一起来看看《道德经》是怎么解释"道"的规则的。

　　《道德经》里说："谷神不死，是谓玄牝。""上善若水。水善利万物而不争。""夫唯不争，故无尤。"这几段话的意思是：天道永远存在，就像母性一样，生养万物而无欲无求。天道的规律就像水一样，水有利于滋养万物却不与万物相争。就因为不争，所以从来不会犯错。

　　这就是天道的规则，看不见摸不着，但是它确确实实存在。人做的事，不论是大事，还是小事，大到治理一个国家，小到鸡毛蒜皮，都要在天道的规则下进行，按照天道的规则办事，就是合乎天道，就走得顺；非要反着来，就是逆天行事，就会有祸端。

比方说，现在大家都走高速公路，非常便捷。高速公路也有交通规则，限速啦，限高啦，限重啦，不许逆行啦，等等，大家都遵守这个规则，都能顺利到达目的地。生活中偏偏有人自私自利，非要违反，让自己能比别人快点到。于是超重啦，超高啦，甚至错过了路口往回倒着走的都有，这些违反规则的行为，轻则会被交警处罚，严重的车毁人亡，悔之晚矣。

这个道理一说大家都挺明白的，但到了遵循天道的规则上，绝大多数人就不明白了，总是逆天而行。

回到了凡说的"名"上，人有一定的声誉、名望，这是好事，说明大家对你的认可，这个名望也会给你带来一定的利益，这都符合天道。

但是如果名声大到名不副实的时候，你就要小心了，这会儿最好的办法是反省自己，低调行事，不然一准出事。《三国演义》大家都看过吧，里面有两个悲剧人物，一个是杨修，一个是许攸。

这两个人当时的名气都很大，杨修是学问大，爱耍小聪明，不但喜欢在人前人后地显示自己，还特别喜欢在领导面前卖弄，结果报应来得快吧，一个"鸡肋"把自己的小命给玩没了。

许攸比杨修还夸张，典型的德不配位。许攸是曹操的同学，在官渡之战上出谋划策立下大功，但这货居功自傲，傲的尾巴都翘天上去了，不但到处骂人，连曹操的小名阿瞒都到处喊，结果不用说，脑袋也傲没了。

总结一下这一节，了凡先生的意思很明显，最好是做好事不留名，积攒阴德，这样最符合天道；如果情况不允许，那就做阳善，积攒名声。但是积攒名声不是名气越大越好，一定要德配其位，否则将大祸临头。

这一节就讲到这里，后面我们一起去学习善的是非，看看善的是非属性都讲了些什么。

15 什么是善，什么不是善？

原文：

何谓是非？鲁国之法，鲁人有赎人臣妾于诸侯，皆受金于府。子贡赎人而不受金。孔子闻而恶之曰：赐失之矣。夫圣人举事，可以移风易俗，而教道可施于百姓，非独适己之行也。今鲁国富者寡而贫者众，受金则为不廉，何以相赎乎？自今以后，不复赎人于诸侯矣。

子路拯人于溺，其人谢之以牛，子路受之。孔子喜曰：自今鲁国多拯人于溺矣。自俗眼观之，子贡不受金为优，子路之受牛为劣，孔子则取由而黜赐焉。乃知人之为善，不论现行而论流弊；不论一时而论久远；不论一身而论天下。现行虽善，而其流足以害人，则似善而实非也；现行虽不善，而其流足以济人，则非善而实是也。然此就一节论之耳。他如非义之义，非礼之礼，非信之信，非慈之慈，皆当抉择。

善的第四种属性。什么是善？什么不是善？先看看了凡先生举的例子。

下面要讲的"子贡赎人，子路受牛"的故事，出自《吕氏春秋》。咱们先介绍一下子贡和子路都是谁。

子贡名叫端木赐，是孔子的得意门生。子贡这个人的特点是口才好，善辩论，会当官，曾经当过鲁国和卫国的国相，不光这些，子贡还非常善于经商，在孔子的弟子中是最有钱的。

子路名叫仲由，也是孔子的得意门生。子路性格直率，尚武好斗，子路当年曾经揍过孔子，不过那会子路还是愣小子一个，后来孔子教导他，子路认识到了错误，拜孔子为师。孔子周游列国的时候，子路一直给孔子当护卫。

这两人在这篇故事里都干了啥？大家一起来看看。

当年鲁国出台了一条法令，凡是能从其他诸侯国把鲁国的奴隶赎回来的人，不但赎金不用自己出，国家还给赏金。

解释一下，春秋时期，诸侯混战，战争过后总会有百姓被劫掠到他国去当了奴隶。当时男性奴隶叫臣，女性奴隶叫妾，合称臣妾。后来这个词成了官宦家族女人们的谦称。电视剧甄嬛传里皇后喊："臣妾做不到呀！"就是这个谦称。

子贡响应国家的号召，去赎了一些奴隶回来，但是子贡觉得自己做善事，不是为了名和利，所以没要国家给的赏金。

孔子听说了这事挺不高兴的，对子贡说："子贡，你这样做是不对的。凡是圣贤做事，目的是改变以往不好的风俗习惯，这样才能教化百姓。不能光想着满足自己的道德标准去干事。鲁国现在的情况是穷人多，富人少，你这么做就是告诉百姓拿了赏金，就不是道德高尚的人，那以后谁还愿意去赎人呢？从今以后，鲁国恐怕不会有人愿意再去其他国家往回赎人啦。"

这就是"子贡赎人"的典故。再说说"子路受牛"的典故。

子路救了一个落水的人，被救的人为了感谢子路的救命之恩，送给子路一头牛作为答谢，子路坦然接受了。孔子听了非常高兴，说："从今以后，鲁国勇于救人的事会越来越多啦。"

这就是"子路受而劝德，子贡让而止善"的典故。一个受到

第三篇
积善之方

表扬,一个遭到批评,反映的是孔圣人审时度势的大智慧,再一次验证了圣人看问题的角度果然和我们普通人不同。了凡对这个事有自己的分析,咱们先来看看。

了凡认为:"从普通人的眼光来看,子贡不要赏金是高尚的,子路接受了谢礼是不对的,孔老夫子却正相反,赞扬了子路,批评了子贡。由此可以看出,评价一个人的善行,不能光看眼下的对错,而是要看对将来是否有弊端;不能光看一时,而是要看长远;不能光注意个人的荣辱,而是要看是否有利于天下百姓。"

了凡接着说:"现在做的事虽然表面看是善事,但长远来看结果是害人的,那么这件事看着好像是在行善,但其实不是善;现在做的事虽然表面看不太好,但长远来看却能给百姓带来好处,那么这件事看着不是善事,但其实就是善事。以上这些都是从子贡和子路身上得出的结论。以此类推,其他的比如是讲义气还是不讲义气,是讲礼数还是不讲礼数,是讲诚信还是不讲诚信,是讲慈悲还是不讲慈悲,都应该加以辨别。"

了凡洋洋洒洒说了这么多话,态度其实非常鲜明,讲的是一个人做善事固然可贵,但更加可贵的是要有大局观。咱们再深入探讨一下。

先分析一下,子贡赎人为啥不要赏金?原因有两个,第一个原因是子贡道德高尚,救人真的不求回报;第二个原因是子贡有钱,真不缺这点钱。

子贡的心理分析完了,咱们再分析一下鲁国颁布这条法令的初衷。

第一,国家必须去救这些落难的百姓,官方不方便出面,所以发动全民去做;

第二,只要救人,国家不但给报销赎金另外还给赏金,这样一来，不花钱就能做救人的大好事，老百姓的积极性就出来了；

第三，有同情心但没钱的人和想拿赎人这事赚点赏金的人，都可以为国家办点好事，别管赎人的动机纯不纯，都能发动更多的人，去解救那些正在受苦的同胞。

子贡考虑得不周全，他只想着要符合自己的道德标准，却无意当中绑架了所有人的道德标准。咱们再试想一下，如果鲁国的官方再把子贡救人不要赏金的事迹大肆报道一番，无形当中把救人这件事的道德标准人为地提高了。

因为在舆论的压力下，表面上大家都要拿子贡当榜样，人人表态要向子贡学习，看似社会的道德水平提高了，实际上却是下降了。

因为救人后要了赏金，无聊之人会说你不道德，救人是为了钱。做了善事反被人骂，谁还愿意去做？

救人不要赏金吧，有些人是经济条件不允许，有些人是不愿背骂名。既然这样，那干脆就不去赎人了。

所以孔子才批评子贡，说从此以后，鲁国没人去干赎人的事了。

所以提倡大家讲道德，要考虑当下普遍的道德水准。不能把道德完美化，也不能用少数人的高尚品德，作为公德去要求所有的人遵守。这样做只会有一个结果，就是大家不但不去效仿，反而远离道德，因为曲高和寡呀。

《道德经》里说："上德不德，是以有德；下德不失德，是以无德。"意思是说，真正品德高尚的人，说话办事不会刻意显示自己有德，这才是真有德；那些德行低下的人，处处显示自己有德，反而实实在在是一个无德的人。

这就是了凡先生讲的"何谓是非？"大家多品味，共勉。下

第三篇 积善之方

一节我们一起去学习善的偏正。

16 什么是正善,什么是偏善?

原文:

何谓偏正?昔吕文懿公初辞相位,归故里,海内仰之,如泰山北斗。有一乡人醉而詈之,吕公不动,谓其仆曰:醉者勿与较也。闭门谢之。逾年,其人犯死刑入狱。吕公始悔之曰:使当时稍与计较,送公家责治,可以小惩而大戒。吾当时只欲存心于厚,不谓养成其恶,以至于此。此以善心而行恶事者也。

又有以恶心而行善事者。如某家大富,值岁荒,穷民白昼抢粟于市。告之县,县不理,穷民愈肆,遂私执而困辱之,众始定。不然,几乱矣。故善者为正,恶者为偏,人皆知之。其以善心而行恶事者,正中偏也;以恶心而行善事者,偏中正也。不可不知也。

善的第五种属性。什么是偏善?什么是正善?了凡先生用两个案例对偏正的辩证关系进行了讲解。先看案例。

明朝有一位大学士,名叫吕原,谥号文懿。嘉兴人,和了凡是同乡。这位吕文懿公年纪大了,从大学士职务上退休,回到老家嘉兴。这位老大人德高望重,乡里上上下下都很尊敬他。

有一天,有一个乡人喝多了酒,在吕原的门前不停地吵闹,谩骂吕原。吕原涵养很好,也没有动气,告诉仆人说:"这人喝醉了,不要与他一般见识。"于是吩咐关上大门,不要理睬醉汉。

过了一年,忽然听说那日的醉汉,犯了罪被打入死牢了。吕原非常后悔自责,说:"假如当初我和这醉汉稍微计较一下,哪怕只是把他送到官府，小小地惩罚一下，都不至于让他一直肆意妄为，以至于犯了死罪。我当年一时心善，没想到反而纵容了他的恶行，让他发展到这种不可收拾的地步。"

这个故事讲得就是以善心却做了不善的事。

还有一个以恶心却做了善事的故事。说是有一家大户人家，正赶上有一年年景不好，没有收成。有些穷苦百姓大白天就聚众抢粮，于是大户人家告到官府，官府竟然不管。一时间抢粮的人越来越多，实在没办法了，大户人家就将带头抢粮的人抓起来并动了私刑，抢粮的事这才得以平息。要不是这样，抢粮的事可能越发展越大，最后酿成打砸抢的暴乱了。

所以说，善事是正，恶事是偏。这个道理人人都知道。但是善心办了恶事，是正中出现了偏；而以恶心却做了善事，是偏中出现了正。这个道理行善之人一定要知道。

了凡对于这种类型的善，使用了"偏正"一词，和上一篇的"是非"，有共同点，也有不同点。共同点是：做的事是善是恶都不看当下，要看一段时间之后的结果。不同点是："是非"属性里当下做的事，在当时看来不论"是非"做的都是善事，而"偏正"属性里当下做的事，在当时看来"正"做的是善事，"偏"做的是恶事。

听起来有点绕，举例说明。

子贡赎人、子路受牛，从当下看，做的都是善事，从未来的结果来看，子贡错了，子路对了。

吕原恕人、富人用刑，从当下看，吕原宽宏大度，做的是善事，富人为富不仁做的是恶事。而从未来的结果来看，吕原错了，富人对了。

"是非"和"偏正"两者的区别，重点在于此，大家多体会一下。

第三篇
积善之方

再来分析一下善的"正中偏"和"偏中正"两种属性。"正中偏"和"偏中正"的例子在当下社会上比比皆是。听朋友讲过这样一个真实案例，和大家分享一下。

某小区快递箱坏了，于是快递被暂时放在物业室，大家自己领取。结果有一段时间，大家发现自己订的蔬菜水果经常找不到了，后来调监控，发现是小区里一个老太太贪小便宜，经常冒领。因为丢的快递价值都不大，物业又答应私下和老太太谈谈，都是邻居，为了给老太太留点面子，这事也就不了了之。

之后一段时间相安无事，终于又有一户人家的快递不见了，丢的是朋友从外地给代买的救命药，这药本是算好日子邮寄的，这一丢险些要了患者的命，于是报警了。结果不出意外，在老太太家找到了，这事有点大了，老太太被拘留了七天。

试想一下，如果当初丢第一份菜的时候，大家都认真对待一下，比如业主提出索赔，物业给予曝光，让老太太受到一些惩罚，应该就不会发生差点要人命的事了。

比如父母对孩子的坏习惯早点制止，不是一味地溺爱，这孩子将来在社会上违法犯罪的概率会小很多；比如在公共场所不讲道德的人，大家都当面谴责、制止一下，这人也不会最后去破坏了很重要的文物，等等，不胜枚举。

三国时期的刘备曾经有过一句教子的名句："不以善小而不为，不以恶小而为之。"看似说的是严于律己的警句，但是如果大家都能勇于站出来，用法律也好，用道德也好，指责一下这些小恶行，这样做的人多了，社会风气自然会好转。

如果都是事不关己，高高挂起，等恶行落到自己头上的时候，悔之晚矣。

这一节就讲到这里，下一节我们一起去学习善的半满属性。

17 什么是半善，什么是满善？

原文：

何谓半满？易曰：善不积，不足以成名；恶不积，不足以灭身。书曰：商罪贯盈，如贮物于器。勤而积之，则满；懈而不积，则不满。此一说也。

昔有某氏女入寺，欲施而无财，止有钱二文，捐而与之，主席者亲为忏悔。及后入宫富贵，携数千金入寺舍之，主僧惟令其徒回向而已。因问曰：吾前施钱二文，师亲为忏悔；今施数千金，而汝不回向，何也？曰：前者物虽薄，而施心甚真，非老僧亲忏，不足报德；今物虽厚，而施心不若前日之切，令人代忏足矣。此千金为半，而二文为满也。钟离授丹于吕祖，点铁为金，可以济世。吕问曰：终变否？曰：五百年后，当复本质。吕曰：如此则害五百年后人矣，吾不愿为也。曰：修仙要积三千功行，汝此一言，三千功行已满矣。此又一说也。

又为善而心不著善，则随所成就，皆得圆满。心着于善，虽终身勤励，止于半善而已。譬如以财济人，内不见己，外不见人，中不见所施之物，是谓三轮体空，是谓一心清净，则斗粟可以种无涯之福，一文可以消千劫之罪。倘此心未忘，虽黄金万镒，福不满也。此又一说也。

善的第六种属性。什么是半善？什么是满善？

了凡先生认为善的半满，分为三种情况。第一种，勤为满，懈怠为半；第二种，非常真心为满，不太真心为半；第三种，有清净心为满，有执着心为半。满就是圆满，半就是不圆满。

第一种情况，了凡先引用古人的话来说明。

第三篇
积善之方

《易传·系辞传下》说:"如果不积累善行,就不能够成就名誉;如果不积累恶行,也不会招惹杀身之祸。"《尚书》里又说:"商纣王的罪恶,就像往罐子里放东西,是一点一点积累到恶贯满盈的。"积累是一个过程,勤快点,就圆满,懒惰点,积累得少,就不圆满。

这是一种对"半"和"满"的说法。

这种"半"和"满"的定义,是从是否勤劳来做判断的。打个比喻,我们把善当成水,满与不满看成水桶的容量,同样的时间内,勤快的人很快能把桶装满,不勤快的人也只能装一半。大致就是这个意思。

这一段话里,一个"勤",一个"积"表达的是行善的动态性,"勤"才能快,"积"却又是一个慢慢聚集的过程,又急不得。再说得直白点,做善事要勤,看效果要慢。现代社会人心浮躁,很多人目光短浅,做了一点善事,就想着赶紧要回报,做了一点恶事,看见也没啥报应,于是就说"善有善报,恶有恶报"这句话都是假的,却忘了后面还有两句"不是不报,时候未到。"

第二种情况,了凡引用了"贵女施金"和"洞宾学术"两则故事来说明。

故事一,话说当年有一个女人去庙里上香,可是女人很穷,身上只有二文钱,女人就把这二文钱都捐给了庙里,住持亲自为她主持了法事;后来,这个女人入宫做了嫔妃,成了贵人,心念此事,又亲自带了数千两银子去庙里施舍,住持却只派了自己的徒弟去为她主持法事。

女人很不高兴,就找到住持,质问道:"以前我只捐了二文钱,禅师您亲自为我主持法事,如今我捐了数千两银子,禅师您却只派徒弟来主持,这是什么道理?"

住持回答:"以前捐钱虽然少,但施主您却是真心实意,老僧必须亲自主持,不然不能报答您的一片赤诚之心;如今您施舍虽多,但礼佛之心却没有以前那样虔诚,所以老衲让徒弟代替我做法事,就已经足够报答您了。"

两次对比,这里的千金是不圆满,而二文钱却是圆满。关键在真心与否,与钱多少无关。

故事二,当年八仙之一的汉钟离点化吕洞宾成仙,想教他一个法术,这个法术能够点铁成金,可以用来帮助穷人。

吕洞宾问:"这变化而来的金子以后还会变成铁吗?"

汉钟离说:"哪有一成不变的东西,五百年以后金子还是会变回铁块。"

吕洞宾说:"如此一来,这法术会害了五百年以后的人,这个法术我不愿意学。"

汉钟离听后,哈哈大笑,满意地说:"成仙要积累三千功德,你这一句话,三千功德就圆满了。"

这又是"半"和"满"的一种说法。

这两个故事内容虽然不同,但道理是相通的,都讲的是行善的时候是否真心实意。真心真意行善就是满善,稍有不足就是半善。

第三种情况,了凡直接自己开口讲道理,谈自己对半满的理解。

行善的时候心里不要执着于善事本身,这样行善都很圆满。心里如果执着于善事本身,就是一辈子勤勤恳恳做善事,大不了也就算个半善。

比如说,用钱财来救济别人,对内不要衡量自己要不要去救济,对外不要考虑救济之人是谁,中间更不要惦记着这些钱财,佛门管这叫"三轮体空",这样才能达到清净心的境界。这样的话,就是一斗米也能生出无边无际的福报,一文钱也能消除千万年的罪孽。如果心里老是放不下这些,总是有执着心,虽然施舍万两黄金,终究福报不得圆满。

这又是"半"和"满"的另一种说法。

这里讲到一个概念"三轮体空",这是一个佛家用语,又叫"三轮清净"。还用布施举例,"三轮"指的是布施人,被施舍的人和施舍的钱财物品,要达到三者"性空无相而离执着"的状态,用白话说,就是一心只想着去做善事,其他的都不考虑,去掉执着心,着相心。用老百姓的话讲,施恩不要图报。这么理解就可以了。

"半"和"满"的定义和区别,了凡讲了三种情况,说老实话,这让我想起了"改过之法"里面的从事上改,从理上改和从心里改。您琢磨琢磨是不是有这么点味道,凡事从心里去改、去做,效果都是最圆满的。

善有半满的区别,那么善有大小的区别吗?下面我们就一起去学习善的大小。

18 什么是大善,什么是小善?

原文:

何谓大小?昔卫仲达为馆职,被摄至冥司,主者命吏呈善恶二录。比至,则恶录盈庭,其善录一轴,仅如箸而已。索秤称之,则盈庭者反轻,而如箸者反重。仲达曰:某年未四十,安得过恶如是多乎?曰:一念不正即是,不待犯也。因问轴中所书何事,曰：朝廷常兴大工，修三山石桥，君上疏谏之，此疏稿也。仲达曰：某虽言，朝廷不从，于事无补，而能有如是之力。曰：朝廷虽不从，君之一念，已在万民；向使听从，善力更大矣。故志在天下国家，则善虽少而大；苟在一身，虽多亦小。

善的第七种属性。什么是大善？什么是小善？

了凡先生用一则民间故事为大家进行讲解。

古时候有个人叫卫仲达，在朝廷的馆阁做官，馆阁相当于明朝的翰林院。有一天，睡梦之中，他的魂魄被鬼卒拘到了阴间。

阴间的主审判官，吩咐手下的鬼吏，把卫仲达在阳间的善恶记录册送上来。等册子送到一看，卫仲达有点傻眼，为啥呢？记录他恶事的册子太多了，竟摊满了一院子；而记录他善事的册子，就只有筷子粗细的一个小卷轴。

判官又吩咐拿秤来称称看，那堆了满院的恶册子，重量很轻，那记录善事的小卷轴，反而相对比较重。

卫仲达很是疑惑，问道："我年纪还不到四十岁，怎么会犯这样多的罪恶呢？"

判官回答道："只要是心中有一个妄念，哪怕你还没去做，就已经算是你的过失和罪恶了，当然都会记录在案。"

卫仲达又问："那个善册子里记的是什么？"

判官回答道："皇帝有一次想要大兴土木，修三山的石桥。你上表劝阻皇帝不要修，免得劳民伤财，这里记录的就是你写的奏章底稿。"

卫仲达说："我虽然写了奏章，但皇上并没有采纳，结果还是动工修造了。说到劝阻，我实在也没出什么力呀，这份奏章的分量怎么还有这么重呢？"

第三篇
积善之方

判官说:"皇帝虽然没有采纳你的建议,但是你这个念头用得很正、很真诚,你的想法是让众多的百姓免去徭役。倘若皇帝接受了你的建议,那么你的功德就更大啦!"

这就是"仲达称善"的故事。了凡在故事里传达了二层含义。第一,起心动念,就是善恶的开始;第二,善恶的行动比善恶的念头得到的报应更猛烈。

故事里,卫仲达记录恶事的册子堆了一院子,其实没有多少是他真做的恶事,绝大部分是他心里的一丝恶念,比如看见钱了,心里想着据为己有;比如看见美女了,心里想着春宵一度。虽然都是内心的一丝妄念,没有真的去干这些肮脏猥琐的坏事,但这些已经都算是他的恶行了。佛经讲:"吉凶祸福,皆由心起。"所以说,念头的启动处在于心,心是善恶之门。

而卫仲达的善,真的去做了,虽然没有成功,但善心已明,善行已有,善的重量就已经远远超过一院子恶念的重量。所以说做善事更在于行,行动了,哪怕不成功,这份善行也比仅仅是善念来得更有分量。

接下来,了凡对大善、小善给出了界定标准。

了凡说:"人的志向,只要是为了国家的利益,为了天下苍生着想,善事即便很少,功德却很大;如果只是有利于少数人,为少数人谋福利,哪怕善事做得很多,福报也只会很小。"

这里我想澄清一点,很多解读《了凡四训》的书里把"苟在一身,虽多亦小"的"一身"解读成为了自己,或者自私自利,我觉得不妥。因为在前面"何谓真假"一节里,了凡已经论述了真善和伪善对应的是利他和利己。

"何谓大小"这一节里了凡的真实意图是:说明善行的受众面大小的问题,为"天下国家"受众面大,受益的人数多,所以是大善；为"一身"受众面窄，受益的人数少，所以是小善，这里的"一身"不是指一个人，而是虚指少数人。

这样解释，就豁然开朗了，同时也解释了为啥了凡举的例子大多是科举。了凡本人也热心于科举，因为在了凡的那个时代，不像现代社会这样多元化，当科学家、当商人都可以为国家做出贡献。了凡只有通过科举成为官员，才能为国家，为天下百姓谋福祉，做贡献。这是那个时代的局限性，不是了凡先生的功利心。

大家可以看看，往大里说，古代的君主，掌管一个国家，治下百姓何止千万，明君可以带领一个时代走向富强，昏君给国家、给百姓带来的只有屈辱和灾难。往小里说，一县之长，清官造福一方百姓，比如了凡先生。贪官祸祸一方百姓，妻离子散。

善分大小，人的能力也有大小之分，我们不必执着于去干大善事，而不愿去做小善事，那样就又存了功利之心，心源不得清净。我们普通人要相信，只要一心行善，对国家、对社会有所帮助，就是功德无量。

劝善书《太上感应篇》里说："行善如春园之草，不见其长，日有所增；行恶如磨刀之石，不见其损，日有所亏。"讲的也是同样的道理。

下一节中，我们一起去学习善的最后一个属性：善的难易，看看善的难易了凡先生又是怎么理解的。

19 什么是难善，什么是易善？

原文：

何谓难易？先儒谓克己须从难克处克将去。夫子论为仁，亦

第三篇
积善之方

曰先难。必如江西舒翁,舍二年仅得之束脩[xiū],代偿官银,而全人夫妇;与邯郸张翁,舍十年所积之钱,代完赎银,而活人妻子。皆所谓难舍处能舍也。如镇江靳翁,虽年老无子,不忍以幼女为妾,而还之邻,此难忍处能忍也。故天降之福亦厚。凡有财有势者,其立德皆易,易而不为,是为自暴。贫贱作福皆难,难而能为,斯可贵耳。

随缘济众,其类至繁,约言其纲,大约有十:第一,与人为善;第二,爱敬存心;第三,成人之美;第四,劝人为善;第五,救人危急;第六,兴建大利;第七,舍财作福;第八,护持正法;第九,敬重尊长;第十,爱惜物命。

善的第八个属性。什么是难善?什么是易善?

本节开篇,了凡先生先引用了古代圣贤的话来表明观点。了凡说:"古人认为,要提高个人修养,首先要懂得如何战胜自己的私欲,而如果想克制欲望,就必须从最难克服的地方开始。孔圣人在论述如何求"仁"的时候,也讲了同样的观点。"

接下来,了凡一口气连举了三个小例子加以证明。

第一个例子。江西有个姓舒的教书先生,看见有个人欠了官银即将入狱。舒先生将自己仅有的攒了两年的酬金全部拿出,帮那人缴纳了欠官府的税银,让那人免于牢狱,一家人得以团圆。

第二个例子。邯郸的张老先生,拿出积攒了十年的银子,帮助别人偿还了赎银,救回了那人的妻儿,让那一家人得以团圆。

字里行间可以看出,例子中的舒老师和张老先生都不是有钱人,但都毫不犹豫地拿出了自己全部的金钱去帮助人,这两个例子举得都是能舍最难舍之物的例子。

第三个例子。镇江有个姓靳的老者,年纪大了还没有儿子,家里为他买了个小姑娘当妾，靳老不忍心耽误姑娘的青春，最终没有纳妾，把姑娘送还给娘家。古人讲究不孝有三，无后为大。这是能忍最不能忍的例子。

这两种情况，上天降下的福报是最多的。

通常意义上说，有钱有势的人，因为有钱有渠道，想要积善相对比较容易，容易去做反而不去做，那是自暴自弃；穷人受限于财力，要想行善都比较难，难做反而去做，那就十分可贵了。

这一节里讲的"难易"，咱们还是分成两层含义来分析。编个顺口溜，第一层含义：欲要积善，必先克己，有难有易，先难后易；第二层含义：贫富有别，善分难易，难易相对，量力而行。

为什么要"有难有易，先难后易"？一个人立志积善，一般人的思维是先做容易的，再一步一步地深入，去做困难点的事。这样行不行？行。完全没有问题，只要去做善事就是好同志，欢迎还来不及，哪里会不行。只不过倒过来，先做难的，效果会更好而已，这是古人经过时间的考验总结出的经验。

比方说，一个人想在环境保护上做一些善事，想想自己以前的行为，有乱扔垃圾的毛病，这个可以去改进；另外还想着去参加环保组织当一名义工。这两件事，第一个应该会容易一些，第二个难一些。到底先做哪一个好呢？咱们对比一下效果。

如果先做容易的事，开始注意不再乱扔垃圾了，自己要求自己时刻注意就能做到了。这样做很好，自己在这件事上认了错，也改正了，既提高了自己的道德水平，也给环卫工人减轻了工作量，为社会做了一点贡献。

如果先做难些的事呢？加入一个环保组织，找到了同道中人，听了大家讲的环保的知识，参加了义务劳动，付出了汗水，看见自己清理得干干净净的环境，心情喜悦，自豪感爆棚。您想想这个人还会再乱扔垃圾吗？肯定不会了。

您看，做了难做些的义工，直接把自己容易做的乱丢垃圾的毛病也直接给改正了，还不止这些好处。外边的公共环境您都注意保护了，自己家里的环境自然也忍不了以前的脏乱差了，开始动手收拾，那家里人是不是会夸奖您，家庭关系自然和谐。家庭和谐，后院不起火了，自然心情就好，在外社交，干工作自然满面春风，大家是不是也会多喜欢您一些呢？

林林总总，这就是先从难处做起的好处。

再来说说为什么"难易相对，量力而行"。了凡所说的"难易"很明显是一个辩证的、相对的概念。难和易您得对比着看。同样的一件事，对于有些人来说做起来很容易，对于另一些人来说做起来很难。所以必须要量力而行。

比方说，有地方发生了自然灾害，国家号召捐款赈灾，一个人有一个亿，他捐了100万，一个人全部资产就100元，他全捐了。100万和100元单从数字上来看，简直没有可比性，可是从比例上看，一个是百分之一，一个是百分之百。您说哪个人捐款的难度更大一些？当然是捐100元的人。

再讲两个捐资助学的人，一个是邵逸夫，一个是白方礼。

邵逸夫很富有，他一生仅仅给大陆捐赠的助学款就达到了47.5亿港币，遍布全国的"逸夫楼"是对他最好的诠释。邵先生享年107岁。

白方礼很穷，老人靠蹬三轮，捐赠了助学金30万元，资助了300位贫困学生完成了学业。享年90岁。老人去世的时候是政府给办的葬礼，自发送葬的人们痛哭流涕，挤满了送葬的路。

两位老人，一贫一富，一个捐资30万，一个捐资47.5亿。您能用金钱的多少来衡量两位老人对社会的贡献吗？在行善上两位老人同样伟大,他们捐的钱数量有差别,但都能为他们铺设一条直达天堂的路。但从难易角度来看,显然白老做善事的难度更大一些。

清朝学者彭端淑有一句话说得好:"天下事有难易乎?为之,则难者亦易矣;不为,则易者亦难矣。"难和易是相对的,搞不清楚是难是易的时候,还是先行动起来吧。

到此,"积善之方"的第二部分——善有哪些属性,就全部讲解完毕了。下面我们开启第三部分——积善的方法有哪些?

了凡说:"顺从缘分,帮助他人,积善的种类非常之多,为了便于大家的理解,简单归纳总结了十种,分别是:第一,与人为善;第二,爱敬存心;第三,成人之美;第四,劝人为善;第五,救人危急;第六,兴建大利;第七,舍财作福;第八,护持正法;第九,敬重尊长;第十,爱惜物命。"

下面我们一条一条进行讲解,看看这些善事究竟都怎么去做。

20 什么是与人为善?

原文:

何谓与人为善?昔舜在雷泽,见渔者皆取深潭厚泽,而老弱则渔于急流浅滩之中,恻然哀之,往而渔焉。见争者皆匿其过而不谈;见有让者,则揄扬而取法之。期年,皆以深潭厚泽相让矣。夫以舜之明哲,岂不能出一言教众人哉?乃不以言教而以身转之,此良工苦心也!

吾辈处末世,勿以己之长而盖人,勿以己之善而形人,勿以己之多能而困人。收敛才智,若无若虚,见人过失,且涵容而掩

第三篇
积善之方

覆之。一则令其可改，一则令其有所顾忌而不敢纵，见人有微长可取、小善可录，翻然舍己而从之，且为艳称而广述之。凡日用间，发一言，行一事，全不为自己起念，全是为物立则，此大人天下为公之度也。

积善的第一种方法。什么是"与人为善"？

上古时期，舜在雷泽地区生活的时候，看见渔夫们经常为了捕鱼争抢地盘，年轻力壮的渔夫都抢着去深水的地方捕鱼，年老体弱的人抢不过，只能在急流浅滩当中捉鱼。舜看在眼里，生起怜悯之心，想着改变这种情况。于是，舜决定也去捕鱼。

舜的做法挺有意思的，碰到有抢地盘的人，舜不会马上制止和指责他们，而是什么也不说；碰到有人肯谦让，舜就到处赞扬他，而且拿他作榜样，自己也到处谦让。

一年以后，情况完全转变了。以前大家互相争抢，以强凌弱。现在大家都不抢地盘了，一团和气，都愿意把好地方让给别人。

您看，凭着舜这样既贤明又有大智慧的人，难道不能过去做一番演讲，教育大家要谦让吗？舜这是不愿意用空洞的语言讲大道理，他是以身作则让大家心悦诚服。这才是舜隐恶扬善的良苦用心！

我们身处佛门讲的末法时代，本来就世风日下，千万不要用自己的优点去贬低别人，不要拿自己的成绩和别人做比较，也不要拿自己的才能去为难别人。

我们要高调做事，低调做人，大智若愚、虚怀若谷。看到别人犯了错，要有包容心，不要到处宣扬，一方面要给人家改正的机会，另一方面也让犯错之人有所顾忌，不至于破罐子破摔。

假如看见别人有一点点的可取之处，或者一点点的小善可以作为榜样，我们应该马上向人家学习，还要真诚地赞美人家，并将人家的长处和善行进行宣扬和推广。

在日常生活中，一个人每说一句话，每做一件事，完全不考虑自己的利益得失，想的都是维护世间的真理与法则，为社会大众树立楷模，这才是一个道德高尚的人以天下为公的胸怀和气度。

开篇了凡先生就讲了舜帝的与人为善的典故。

"与人为善"这个成语出自《孟子·公孙丑上》。孟子说："大舜有大焉，善与人同，舍己从人，乐取于人以为善。自耕稼、陶、渔以至为帝，无非取于人者。取诸人以为善，是与人为善者也。故君子莫大乎与人为善。"

孟子说的就是舜帝的事迹，意思是："舜帝非常了不起，即使和他人做了同样的善事，他也不显示自己，而是宣传别人的善行，乐于学习别人的长处。不论是他从事种地、制陶、捕鱼工作的时候，还是后来做了帝王，不管哪个时期都坚持向他人学习。吸取他人的优点用于行善，才能更好地帮助他人。所以作为君子，最重要的事就是要与人为善。"

本节中了凡先生用舜帝以身作则、教化百姓的事迹作为案例，讲解了怎么做才是与人为善，咱们可以从四个维度进行分析。

第一，自己需要具备的心态。自己要做到谦虚、低调，不压制、贬低和为难他人，要解决自己的"傲"。这一点大多数人都做不到，俗人总是喜欢抬高自己、贬低别人，感觉这样才能突出自己的才能，才能获得优越感。其实呢，每个人心中都有一杆秤，这样做的人实际上反而收获不到别人的尊重。

第二，对待别人错误时的做法。要做到不到处宣扬别人的错误。俗话说："好事不出门，坏事传千里。"可见从古至今，喜欢拿别人的错误作为谈资的人占大多数，这本就是一种恶习，一种流俗。我们想要脱俗，就得约束自己，做到不要大肆宣传他人的错误。当然，这里说的情况是有限定的，要因人施策，针对骨子里就是坏种的人，就不能帮他隐恶，因为这种人根本就不会改正错误。

第三，对待别人优点时的做法。看到别人的优点，看见别人做了好事，我们要大张旗鼓地宣传，让更多的人知道他，知道这种善行。并且自己要认认真真地学习别人的优点，只有这样，自己才能不断成长和进步。

第四，要努力培养自己天下为公的胸怀。了凡指出与人为善的最高境界就是天下为公。这个成语出自《礼记》，"大道之行，天下为公"，这是一条整个人类社会从古至今都一直追求的境界。不论一个人的地位是高是低，能力是大是小，这一点大家都是认同的。您看，那些反社会、反人类的人最终没有一个有好下场，就是最好的验证。

与人为善就解读到这里，下一个行善的方法是什么呢？我们一起去看看。

21 什么是爱敬存心？

原文：

何谓爱敬存心？君子与小人，就形迹观，常易相混，唯一点存心处，则善恶悬绝，判然如黑白之相反。故曰：君子所以异于人者，以其存心也。君子所存之心，只是爱人敬人之心。盖人有亲疏贵贱，有智愚贤不肖，万品不齐，皆吾同胞，皆吾一体，孰非当敬爱者？爱敬众人，即是爱敬圣贤；能通众人之志，即是通圣贤之志。何者？圣贤之志，本欲斯世斯人，各得其所。吾合爱合敬，而安一世之人，即是为圣贤而安之也。

积善的第二种方法。什么是爱敬存心？

咱们先看看了凡先生怎么说？了凡说："怎么去区分一个人是君子还是小人呢？如果只从表面上看，一般还真分不清楚。但是如果进一步比较一下二者内心的想法，那么君子存的是善心，小人存的是恶念，这里面的差别可就大了去了，简直就是一黑一白，明显得很。"

所以，《孟子》说："君子所以异于人者，以其存心也。君子以仁存心，以礼存心。仁者爱人，有礼者敬人。爱人者，人恒爱之；敬人者，人恒敬之。"

瞧瞧，亚圣说得非常明白，君子和小人的区别就在于"存心"不同，君子存的是爱人敬人的善心；小人正相反，自私自利，存的是自私的心，害人的心。

了凡先生接着讲："世上之人，千差万别，有关系近的，有关系远的；有有钱的，有没钱的；有地位高的，有地位低的；有聪明的，有愚蠢的；有道德高尚的，也有品质恶劣的。但无论怎样，大家都是同胞，都是一体的。哪个人不该被爱护，又有哪个人不该被尊敬呢？"

瞧瞧了凡先生这份博爱的心胸。了凡接着讲："爱护并尊敬众人，就是爱护、敬重圣人；与众人心志相通，就是与圣人心志相通。这是什么道理呢？因为圣贤的志向，原本就是希望所有的人都能够安居乐业，过上幸福美满的生活。所以，我们爱敬众人，能让世上的人都安定祥和，这就是在替圣人来做圣贤之事。"

了凡先生提出圣人之道，就是爱敬存心。所以希望大家都像

第三篇
积善之方

圣人一样，爱护别人，尊敬别人，这样必然会社会和谐，百姓安康。

我们普通人毕竟离圣人的境界还有很长的距离，那普通人怎么去爱敬他人呢？我给大家推荐一种好方法，就是换位思考。

古人说："己所不欲，勿施于人。"你自己觉得受到爱护，受到尊重的事，反过来对别人去做，就一定会受到对方的爱护和尊敬。

为什么有些时候做不到呢？这是因为，我们习惯了从自己的角度出发看问题。

您看，假如你是顾客，你会认为商家太暴利；假如你是商人，又会觉得顾客太挑剔。你开车时，希望行人遵守交通规则；你步行时，又希望车主礼让行人。你打工时，觉得老板不通人情；你当老板时，又觉得员工的工作不够积极。

事实证明：一直站在自己的位置上看别人，你看到的，永远都是别人的错。

试着换位思考一下，赠人玫瑰，手有余香。爱出者爱返，福往者福来。

普通人只要爱敬存心，哪怕你不懂得高深的圣人之道，你的爱，你的敬也能传达给对方，同时自己也收获一份喜悦，一份尊敬。举几个小例子。

"张良拾履"的故事相信有些人一定听过。传说秦朝末年，著名的谋士张良那会儿还很年轻。清晨过桥的时候，看见一位老人的鞋掉到桥下了。张良心善，赶紧跑到桥下把鞋捡了回来，又帮老人穿上。

老人看着这个年轻人，说："五天后你可愿意再来此地等我？"出于对老人的尊重，张良点头答应了。

五日后，张良果然来了，看见老人已经站在那里了。老人很不高兴，说："年轻人哪有让长辈等你的道理？五日后你再来吧。"

又五日后，张良天不亮就到了，过了一会老人才来。老人很是高兴，说："年纪轻轻就懂得爱人、敬人，孺子可教。我赠你一部兵书，你要认真研读，今后必有大用。"

老人飘然而去，张良这才翻看手中之书，正是《太公兵法》，后来才知道这位老人乃是鼎鼎大名神仙般的人物黄石公。张良后来苦读兵书十余年，最终辅佐刘邦开创了大汉皇朝。

这是名人爱人敬人，成就功绩的故事，再讲一个普通人的小故事。

一个普通家庭里，一位善良的母亲正带着女儿整理衣物，这时母亲找到了一双女儿几年前的皮鞋，鞋子穿过但还很新，只是有些小了。

于是母亲问女孩："这双鞋子你打算怎么办呢？"

女孩说："丢掉吧。"

母亲说："还很新，有些可惜吧？"

女孩想了想，说："每天楼下的垃圾桶那都会有一个捡废品的，不如我去送给她吧。"

母亲说："好。那你现在把鞋子搽好鞋油，弄得亮一些。"

女孩心想不是要送人嘛，还搽油干什么？不过女孩很听话，还是照做了。鞋子弄好后，母亲告诉女孩："你把皮鞋整齐地摆在垃圾桶旁边就好。"

女孩终于忍不住了，问道："妈妈，为什么要这么麻烦呢？"

看着女孩的眼睛，母亲说："因为捡废品的人，同样需要尊重。"

女孩明白了，照做了。楼上的母女透过玻璃，看到拾荒者捡起了鞋，小心翼翼地放起来，很开心的样子。

第三篇
积善之方

看到这些,母亲的嘴角微微上翘,房间里充满了小女孩银铃般的笑声。

只是丢掉一双旧鞋子而已,通过母亲的安排,拾荒者体面地拿走了鞋,母亲收获最多的是,在自己女儿幼小的心灵深处,埋上了一颗爱人敬人的种子,种子会生根发芽,不断壮大。这不就是每一位母亲都希望看到的吗?

这就是爱敬存心的道理。下面让我们一起去看看了凡先生讲的第三种积善的方法又是什么呢?

22 什么是成人之美?

原文:

何谓成人之美?玉之在石,抵掷则瓦砾,追琢则圭璋。故凡见人行一善事,或其人志可取而资可进,皆须诱掖而成就之。或为之奖借,或为之维持,或为白其诬而分其谤,务使之成立而后已。

大抵人各恶其非类,乡人之善者少,不善者多。善人在俗,亦难自立。且豪杰铮铮,不甚修形迹,多易指摘。故善事常易败,而善人常得谤。惟仁人长者,匡直而辅翼之,其功德最宏。

积善的第三种方法。什么是成人之美?

先看看了凡先生是怎么讲的。

玉本来就生长在顽石之中,如果把玉扔在乱石堆里,那么它就和一般的瓦片、碎石一样,没有什么用途。假如把它好好地雕刻、琢磨,那玉就会成为礼器,十分地高贵。

两者之间,就因为所下的功夫不同,其价值就有了天壤之别。

所以，凡是看到一个人爱做善事，或者此人的志向有可取之处，很有前途，就一定要引导他，帮助他，从而成就他，让他成为社会上的有用之才。

帮助的办法有很多，或者称赞鼓励他，或者协助扶持他，再或者帮他洗白别人对他的毁谤。务必要让他有所成就，并且在社会上站得住脚，而后才停止帮助，这才算是尽心尽力。

通常情况下，人都会讨厌那些和自己性情不同的人。世俗中人，真正心存善念的人往往比较少，而不善良的人却很多。善良的人身处俗世之中，常会受到排挤，因此很难自立自强。而且有才能的人，往往性情上特立独行，不拘小节。所以很容易因为不合群而受到指责，这就是在俗世里做善事容易失败，善人反而容易被人说三道四的原因。

这种情况下，就要靠心怀仁义、道德高尚并且有威望的人，来纠正这种不良风气，同时帮助可造之人成就事业，这种功德也是很大的。

咱们先来解读一下"成人之美"这个成语的出处。

"成人之美"出自《论语·颜渊》，原文是，子曰："君子成人之美，不成人之恶。小人反是。"

孔圣人提出了一个非常重要的概念"成人之美"。这句成语不难理解，关键在一个"美"字上，君子成就的不是单纯帮助别人达成愿望，而是帮助别人达成美好善良的愿望。如果帮别人干坏事，就是"成人之恶"。

"成人之美"体现了儒家"仁"的思想，是君子对他人的关怀和帮扶，是一种博大的情怀。这种助人达成美好愿望的情怀，不但给人带来情感上的慰藉，还能给人以生活或事业上的帮助，是在积德行善。所以了凡说"其功德最宏"就是这个道理。

第三篇
积善之方

成人之美的事古今都有，于生活上、事业上也都有，咱们举两个例子。

第一个故事，是古人的，与生活有关。

唐代诗人崔郊，年轻的时候与姑姑家的丫鬟相爱了，碍于身份地位，一直也没敢和家中长辈挑明。结果悲剧了，一天，坏消息传来，姑姑家把丫鬟卖给了大将军于頔[dí]，有情人从此分离。

崔郊思念爱人又苦于见不到，于是经常到大将军府外边转悠。功夫不负有情人，寒食节那天，丫鬟外出，正好让崔郊看见。一时间两个小情人是又悲又喜，互相倾诉相思之苦。可是，崔郊是一介寒儒，没钱没势的，哪里惹得起权势滔天的大将军。

相见就是永别，看着爱人的泪眼，崔郊触景生情，就写了一首诗《赠去婢》："公子王孙逐后尘，绿珠垂泪滴罗巾。侯门一入深如海，从此萧郎是路人。"写的是自己永远不能和爱人相见的悲痛心情。

依依不舍地分手后，有好事的人把这件事报告给了于頔，于頔吩咐手下人把崔郊叫到府中。

看着忐忑的崔郊，于頔笑着说："侯门一入深如海，从此萧郎是路人。你就是诗中的萧郎吧？"不知大将军啥意思，崔郊只能点头称是。

于頔接着说："先生莫怕，我买这个丫头虽然花了四万钱，但这些钱哪里比得上先生的满腹诗书和真挚的爱情呀。我这就将此女脱去贱籍，嫁与先生，成全你们二人的相思之苦。"

大将军于頔成人之美的故事传开，受到大家的夸赞。后来这句"从此萧郎是路人"也成了千古名句，被广泛运用于男女分手的场面。当感性的诗人用诗歌感叹相爱而不能相亲的时候，一些人选择成人之美，更是成为千古美谈。

第二个故事，是今人的，与事业有关。

著名学者林语堂年轻的时候，曾以半公费生的身份赴美国留学，不料学习期间出了纰漏，国家的学费没有了。林语堂的学习和生活马上就陷入了困境。林语堂家境并不富裕，亲友也无力资助。万般无奈之下，林语堂想到了在北大任教的胡适，当时林语堂与胡适并不太熟，只是数面之交。

抱着试试看的心态，林语堂给胡适拍了电报，电报中特意提到："能否由尊兄作保他人借贷 1000 美元，待学成归国偿还。"

不久，1000 美元真的汇来了，随后还收到胡适的一封信。信中说，这钱是胡适代为申请，北京大学给林语堂预支的工资。

看信后，林语堂心中有点不痛快，"这钱是买人的，这不是逼我回国后必须到北大任教嘛。"可是这钱确实解决了自己的燃眉之急，也只能这样了。这些钱一直支撑着林语堂取得了哈佛大学的文学硕士学位。

毕业后，林语堂又想去德国莱比锡大学攻读语言学博士学位，经费还是不够，林语堂心想，反正必须回北大工作了，不妨一事不烦二主，于是又给胡适写信，希望胡适再为他到北京大学借 1000 美元。和上次一样，很快又收到了胡适寄来的 1000 美金。

四年很快过去了，林语堂顺利地取得了博士学位。一时间国内外的高薪聘书像雪片一样邮寄到林语堂手里。

林语堂才华横溢，又以幽默著称。他曾经调侃过这样一句话："世界大同的理想生活，就是住在英国的乡村，屋子里装着美国的煤气管子，请个中国厨子，娶个日本太太，最好再有个法国女郎当情妇。"

如果回到北大任教，这样的"大同生活"肯定是没有的。但林语堂也是一个重诺守信的大丈夫，为了"还债"，也是为了报答胡适的帮助，林语堂谢绝了所有的高薪聘请，踏上了回国的路，直接去北大当了一名外文系的教授。

到了北大之后，林语堂第一件事就是找胡适道谢，不巧，胡适刚好去了南方不在北京，于是林语堂找到了当时的北大校长蒋梦麟，提出感谢并想确认一下还款计划。

不料蒋校长听完以后，莫名其妙，说完全没有这回事呀，林语堂这才明白，这钱原来都是胡适自掏腰包，之所以谎称北大借的，一来怕林语堂心里有包袱不能安心学业，二来也确实存了给北大招揽人才的"私心"。胡适去世后，人们整理遗物时，发现胡适的余款只有153美金。

人的高贵，不外于此。为他人的美满生活成人之美，为有才之士的成就成人之美，功在千秋，利在万代。

成人之美就解读到这里。下一节我们一起来学习什么是劝人为善？劝人为善与与人为善又有什么区别呢？

23 什么是劝人为善？

原文：

何谓劝人为善？生为人类，孰无良心？世路役役，最易没溺。凡与人相处，当方便提撕，开其迷惑。譬犹长夜大梦，而令之一觉；譬犹久陷烦恼，而拔之清凉，为惠最溥。韩愈云：一时劝人以口，百世劝人以书。较之与人为善，虽有形迹，然对证发药，时有奇效，不可废也。失言失人，当反吾智。

积善的第四种方法。什么是劝人为善？

还是先听了凡先生讲道理。

了凡先生说，人活在世上，谁会没有良心呢？但在这滚滚红尘之中追名逐利，又最容易沉迷堕落。

与人相处，看到有人出现上面所说的情况，要善于在合适的时间，用适当的方法给合适的人提个醒，解开他心中的迷惑。就好比有人夜里做了噩梦，你要赶紧叫醒他；又好比有人深陷烦恼之中而不自知，你要提醒他，开导他，帮他消除烦恼，让他得以解脱。这样做得到的功德最为广大。

唐朝文学家韩愈曾经说："以口来劝人，只在一时，以书来劝人，可以造福百世。"这种"劝人为善"的方法和"与人为善"的方法做比较，劝人为善虽然看着流于表面，不像与人为善做得那么深刻，却也符合圣人因材施教的思想，如果能对症下药，有时也会有奇效。所以劝人为善还是要去做的。

了凡最后说：劝人为善也要讲究方式方法，象"失言失人"这种低级错误就不能犯，如果你连这样的错误都犯了，就要考虑自己的智商是不是出了问题。

了凡先生讲道理，真是面面俱到，连这些细节都考虑得非常周到。咱们先答疑解惑，讲讲"失言失人"是什么意思？

"失言失人"这句话最早出现于《论语·卫灵公》里，整句话是这样的，子曰："可与言而不与之言，失人；不可与言而与之言，失言。知者不失人，亦不失言。"

结合本文的语境，这段话的意思是：人和人的区别挺大，能劝的人你没劝，你没有尽到责任，就是"失人"；不能劝的人你去劝了，白和他废话，还没效果，就是"失言"。知通智，知者就是智者的意思。有智慧的人，要做到既不失人，也不失言。

咱们再深度分析一下了凡先生想要表达的意思。其实呢，整

第三篇
积善之方

个这一节里，了凡先生表达了两层意思。

第一层，劝人为善不如与人为善来得彻底，但是也是不可缺少的一种行善的方式。为啥这么说？你看，两种方式只差一个字，一个是"劝"，一个是"与"。区别还是很大的。"劝"突出的是提醒、劝说，这叫只动嘴不动手，有点做表面功夫的意思；"与"突出的是身体力行，是少说多干，不但宣扬他人之善，还要参与进去积极行善。这一对比，两者的高下立刻一目了然了吧。

第二层，劝人为善不能瞎劝。劝人是门大学问，要分时候，分场合，还要分劝人的形式，当然最重要的是分人。您看是不是有这种情况，有一种人就特别爱劝人，只要看见别人做错了事，马上会说你这不对，你那不对，然后还要加上一句经典名言"我可都是为了你好"，结果一般是被人怼一句"多管闲事，我让你为我好了吗？"

这种人是不是好心？是。劝成功了吗？没有。不但没达到劝人的目的，还得罪了人，得不偿失。说得好听点这种人是快人快语，说得不好听点是智商不够，没动脑子。

儒家把人按照品德高下分成两种，一种是君子，一种是小人。碰到君子做错了事，您当然要劝，不但要劝，还要认真地劝，因为他会接受，这样他改了过，您积了善，两全其美；碰到小人做错了事，您就不要劝了，因为白费口舌，还平白得罪了小人，而且小人不但不念你的好，还要找机会报复你。俗语说"宁得罪君子，不得罪小人"，就是这个道理。

小人能不能劝？也能劝，不过要讲究方式方法。咱们讲一个"禅师劝小偷"的故事，看看故事中禅师是怎么劝小人的。

从前有座山，山上有座庙，庙里有个老和尚。这一天，做完了功课，已经是深夜了，老禅师见月色正浓，心情很好，信步走出小庙，赏月去了。

这时，有个小偷见庙中无人，溜了进去，到处翻找，一无所获，骂了一声晦气走出庙门，正好和回庙的老禅师打了个对脸。

小偷一脸的惊慌，马上又变成凶狠之色。老禅师明白了，这是碰到贼了。没等小偷有动作。老禅师双掌合十，先开了口："施主，你远道而来，到这深山小庙看望于我，老衲怎能让施主空手而归呢？夜深露重，还请穿上这件僧袍，莫要着凉了。"

说罢，脱下僧衣，披在小偷的身上。小偷什么也没说，灰溜溜地逃走了。

看着明月之下小偷的背影，老禅师喃喃道："我佛慈悲，愿我能送你一轮明月。"

次日清晨，老禅师起床，打开房门，只见门口石板之上整整齐齐地摆放着老禅师的僧衣。老禅师合掌，口诵佛号："阿弥陀佛，老衲终于送了你一轮明月。"

故事中的老禅师就非常智慧。直接捉拿小偷？估计打不过；直接劝小偷放下屠刀，立地成佛？估计小偷会恼羞成怒。老禅师不直接点破小偷的身份，保全了小偷的面子，自然免去了被小偷伤害的危险。送了僧衣，让小偷心生愧疚，至于小偷能不能从此走上正路，就交给天上的明月吧。

上面说的是劝小人的故事。那么劝君子呢？当然也不能都采用"竹筒倒豆子"直来直去这一种劝法，人的性情千差万别，即使面对的都是能听得进劝的君子，也要因人施策。

举个《论语·先进篇》里孔子教导学生的故事，看看圣人是怎么做的。

子路问孔子，说："听到了一件自己想做的事，我能不能马上就去做？"

孔子回答:"有父兄在,怎么能马上就去做呢?"

冉有在旁边听见了,于是也问了孔子同样的问题。

孔子回答:"想做应该马上就去做。"

公西华也听见了,满脸的疑惑,就私下问孔子:"老师,子路和冉有问了您同样的问题,您怎么回答得不一样呀?把我都弄糊涂了,到底按照哪个去做呀?"

孔子笑道:"子路胆子大,性格急躁,所以我说父兄在,哪能马上去做,是为了约束他,让他三思而后行;冉有胆子小,遇事老是犹豫,所以我要鼓励他,让他想到了就马上去做。"

劝人为善是一件好事、善事。学完了这一节,大家以后再做劝人为善的事应该知道如何去做了吧?

下一节,我们一起来学习如何去救人危急?

24 什么是救人危急?

原文:

何谓救人危急?患难颠沛,人所时有。偶一遇之,当如痌瘝之在身,速为解救。或以一言伸其屈抑,或以多方济其颠连。崔子曰:惠不在大,赴人之急可也。盖仁人之言哉。

积善的第五种方法。什么是救人危急?

还是老规矩,先看看了凡先生是怎么讲的。

了凡认为:"人这一生难免有经历困难和穷苦的时候。一旦遇到有人面临这种情况,我们应该像这事发生在自己身上一样,要尽快给予他帮助。要不用言语开导,帮他排解心中的郁闷;要不竭尽全力，想方设法帮他渡过难关。崔子曾经说过：'给人的帮助不在于大小，关键在于要及时给予帮助。'这绝对是大慈大悲之人，才能说出的至理名言！"

这一段里，了凡先生的笔墨不多，但也表达了救人危急的三个要点。首先是心态。要急人之所急，想人之所想，把对方的困难当成自己的困难；其次是行动，言语开导、动手帮忙都行，尽可能地帮助对方解决问题；第三是程度，要雪中送炭，帮人要帮到对方最着急的地方。咱们逐点剖析一下。

首先，为什么要把对方的困难当成自己的困难？

这人世间有很多道理不好理解，但只要咱们能够换位思考，往往就想明白了。假设是您自己遇到难事了，想想当时的环境、条件、能力，自救基本上没戏，叫天天不灵，叫地地不应，那种无力的感觉，想死的心都有。这会儿您最想说的一定是"谁来帮帮我呀？"

好啦，知道了这种难受的感觉，您就明白了有人盼望你的帮助，这就是需求。这会儿您再把对方的难处当成自己的难处，就具备了帮人的动力。两者结合，一个需要帮助，一个想去帮助，救人危急的第一个基本要点就具备了。

《宋史·太宗纪》里记载了这样一个典故，咱们一起来体会一下将心比心的道理。

宋朝的第二个皇帝是宋太宗赵匡义。太宗皇帝小时候，经历过社会动荡的年代，父母为了躲避战乱，曾带着他到处逃难，后来又跟着哥哥赵匡胤打天下，所以知道基层百姓生活的不容易。

当了皇帝以后，有一年的冬天，天气特别寒冷，大雪纷飞，太宗在皇宫里穿着裘皮，烤着炭火还觉得寒气逼人。他就想："我这环境这么好，这种天气下还是觉得不太暖和，那外面的百姓恐

第三篇 积善之方

怕更要挨冻啦。"

于是，太宗皇帝召来开封府尹，对他说："今天寒地冻，你等速去准备木炭，送到穷苦百姓家中，帮助他们渡过难关。"

府尹领命而去，按照太宗的旨意将木炭送到了穷苦百姓家中，百姓太多，每家分到的木炭并不多，但烧着木炭，几乎所有的穷苦百姓都非常感谢太宗，说太宗真是一位仁义的君主。这就是"雪中送炭"的故事。

您看，只要换位思考，是不是就有了救人危急的动力和善心？上面的故事中百姓的危急暂时得到了缓解，太宗皇帝收获了好评和爱戴，两全其美。

当然了，我们普通人的资源和能力和皇帝没法比。那么普通人怎么去帮助他人呢？这就是了凡讲的第二个要点。

了凡认为，想帮就尽心尽力地去帮，方式方法有很多，看自己的能力。既可以去安慰对方，从心灵上开导人；也可以帮钱、帮物、帮办事。总之一句话，量力而行，帮好帮到位就是善举。还是举点小例子，看看古人怎么帮助人的？

宋朝有个人叫周必大，年轻的时候中了进士，在杭州的合剂局当官，合剂局相当于现在的药监局，有一次合剂局不幸起火，损失很大，五十多个药工被认定有责任而被判入狱。

这件事本来没有牵连到周必大，但看到这么多人入狱，背后的家庭可能会妻离子散，周必大心中不忍，于是问管这事的官员："如果起火的责任被认定是官员造成的会怎么判？"

官员回答："免官为民而已。"

于是，周必大自首说这场大火是自己的责任，官员知道周必大想救人的心思，就配合了他。结果，五十多人被释放，周必大被罢官回了家。

好人有好报，没过几年，朝廷开博学宏词科，周必大又考中了，皇帝看了他的文章认为是个人才，直接从地方调到中央任职。后来周必大一直官至右丞相，封爵济国公。

您看，这就是君子帮人的方法。心动了，也行动了，不但救了人，自己还因为心胸越来越宽广，人生的路也走得越来越顺。

第三个要点讲的是帮助人不一定贪大，要帮人家最需要、最急迫的事，这是救人危急的原则。老话说，救急不救穷；但能雪中送炭，不必锦上添花。说的都是这个原则。

还是举例子，这次讲范仲淹父子俩救急的故事。

范仲淹曾在越州做过知府，这期间，有个清官不幸去世了，这人做官两袖清风，以至于去世后，老婆孩子没钱回家乡。

于是，范仲淹就拿出自己的俸禄，替他们准备船只，安排她们回乡。临走之前，范仲淹担心一路上小吏们刁难她们，就写了一首诗，交代说："路上如有官府设卡盘查，把我这首诗拿给他们看。"

诗中写道："十口相依走河川，来时暖热去凄凉。关津不必问姓氏，此是孤儿寡母船。"因为范仲淹的帮助，这家老小才得以顺利地返回了家乡。

不但救人危急，还想得这么周到，不愧是大诗人范仲淹呀。后来范仲淹官拜丞相。

再讲一个范仲淹儿子救人危急的故事。

范纯仁是范仲淹的二儿子，范仲淹死后，他才考中进士，出来做官。在他担任庆州知州的时候，有一年闹饥荒，老百姓吃不上饭，情况很是危急。范纯仁请示上官开仓放粮，救济百姓。上官回复，按照流程要上报朝廷，同意后才能放粮。

过去交通不便捷，这一来一往，百姓不知道得饿死多少。范纯仁于是私下开仓放粮,终于缓解了饥荒,很多百姓得以活命。

上官因为这事怕担责任,就参了范纯仁一本。宋神宗派钦差大臣来调查此事,这一来一往已经是来年的事了。正巧来年庆州喜获丰收,老百姓听说了这件事,不忍这位爱民如子的父母官被处分,纷纷献粮,等钦差到达的时候,发现粮仓里的粮食不但没少,还多出很多。

宋神宗知道后,不但没处分范纯仁,还升了他的官。后来范纯仁也官至丞相,范家父子两宰相,传为佳话。

以上就是救人危急的三个要点,大家仔细体会一下,以后去做救人危急的善事,按照这三个要点去做,一定会事半功倍。

这一节就讲到这里。下面我们一起看看第六个积善的方法是什么。

25 什么是兴建大利?

原文:

何谓兴建大利?小而一乡之内,大而一邑之中,凡有利益,最宜兴建。或开渠导水,或筑堤防患;或修桥梁,以便行旅;或施茶饭,以济饥渴;随缘劝导,协力兴修,勿避嫌疑,勿辞劳怨。

积善的第六种方法。什么是兴建大利?

了凡先生认为:"小到一乡一村,大到一城一镇,凡是有利于百姓的事,最应该去做。可以挖渠引水用于灌溉,可以修建堤坝用于防洪,可以修桥铺路便利交通,哪怕建个便民的茶棚也可以解决百姓的饥渴问题。遇到有机会去做这样的善事,就应该多劝导大家，有钱出钱，有力出力，大家共同努力来做这些善事。不要担心有人说你是沽名钓誉，也不要因为做事辛苦而去推辞。"

这一节中了凡用的标题就是"兴建大利"。一个"大利"，可见了凡对兴建善举的重视。其实不只是了凡，中国传统文化认为有四件事阴德最大，分别是孝敬父母、救人性命、修桥铺路、戒杀放生。

《聊斋志异》里有这样一个小故事，可以看出民间百姓对"修桥辅路有功德"这句俗语的认可。

话说长清县有一个贩布为生的布商，常年在泰安县一带贩卖布匹。一次卖完了布，准备回家，看见路边有个卦摊，想起总是听人说这算卦的颇为灵验，反正闲来无事，就去算了一卦。

算卦的道人这么一算，说道："客官你的命不好呀，阳寿不足半月，速速归家准备后事吧。"

布商听后大惊，再没有心情闲逛，赶紧往长清县的家中赶去。路上偶遇了一个差役打扮的人同路，旅途寂寞，加上心情不好，有个人说说话正好省得胡思乱想，于是便和差役搭上了话。两人一边聊天一边赶路，倒也不寂寞。一路之上，住宿吃饭布商都主动结账，两人相谈甚欢。

一来二去，两人熟悉起来。一次住店，布商问道："老兄到长清县有何公干呀？"

差役见问，叹了一口气，说道："这一路之上，承蒙老弟款待，我就实话实说吧，我不是阳间之人，乃是地府的阴差，此次公干正是奉命前去拘拿你的魂魄，上命难违，我也救不了你，但我可晚些去你家中，给你多留些办理后事的时间。兄弟一场，为兄的也只能做这些了。"

次日，一人一鬼又一起上路了。快到长清县的时候，路过一

第三篇
积善之方

座小桥,年久失修,差役对布商说:"老弟,你反正阳寿将尽,要钱也是无用,不如用这钱修缮一下这座小桥,也算是一件美事。"布商点头同意。

分手后,布商回到家中,和妻子说了此事,妻子流着泪同意了。布商也想开了,于是一边出钱请工匠修桥,一边准备后事。十天后桥修好了,后事也准备停当,布商安心等死。结果过了数月鬼差也没有上门,布商纳闷,不知怎么回事。

一天,鬼差终于来了,一见面就笑着对布商说:"恭喜老弟,贺喜老弟,因修桥一事,你积攒了阴德,所以阳寿增加了很多,我因有差事在身,没法及时通知你,让你焦虑了,今日特意前来告诉你这个喜讯。"

从此,布商更是一心一意热心于行善积德,成了远近闻名的大善人。

这则故事虽然只是蒲松龄先生笔下的民间传说,但体现了中华民族一直以来的传统美德,寄予了无数中国人愿做善事、勇做善事的美好愿望。一代一代中国人就是在这样的积善思想引领下,作出了或大或小的行善之举。

再讲一个詹天佑修筑京张铁路的真实的例子。

二十世纪初,中国已经沦为半殖民地社会,社会动荡,科学技术落后,在这种内忧外患的环境下,清政府洋务派准备修筑一条从北京到张家口的铁路,这也是中国第一条具有国计民生价值的铁路。消息一出,列强纷纷跳了出来,争夺铁路的修筑权。因为不管谁争到了铁路的修筑权,就等于进一步控制了中国北方。

利用狼多肉少、列强相持不下的机会,清政府提出自己修筑铁路。列强们刁难说,自己修筑铁路也行,但清政府必须聘用中国自己的工程师,否则他们还要插手。

为了给中国人争一口气，詹天佑毅然决然地站了出来，出任京张铁路的总工程师。对于詹天佑来说，这不是什么美差，他要冒着被列强笑话，被国人唾弃的风险。如果不能成功，他会成为历史的罪人。关键时刻，詹天佑没有退缩，为了长中国人的志气，他放弃了个人的荣辱，勇敢地承担了这项费力不讨好的任务。

詹天佑当时的心情，可以从他写给诺索布夫人的信中看到。诺索布夫人是詹天佑在美国做幼童留学时的"家长"，是一位同情中国人的好心美国老太太。

信中这样写道："我很幸运被任命现在的工作……如果我失败，不仅是我个人的不幸，也为全体中国工程师和所有中国人的不幸，因为中国工程师们将来不会再被人们信赖！"

在这种强烈的民族自尊心的支持下，詹天佑带领工程师们从设计、勘测到施工全部小心谨慎，亲力亲为，在八达岭的崇山峻岭之中创造性地设计了"人"字形线路，解决了当时火车动力不足的技术问题，仅用了四年时间就圆满地完成了工程，比原定工期提前了两年。

詹天佑的骨气和不计个人得失的善举，打破了中国人不会修铁路的谬论，激励了一代代工程师。如今，詹天佑的铜像还一直屹立在青龙峡，被中国人世代敬仰。

有人说这都是有知识、有文化的人才能做的善举，其实只要你怀有一颗为国为民，为他人便利着想的善心，普通人也可以做到。咱们这就举一个普通人修路便民的故事。

吴金根是一名普通的保洁员，从 2004 年开始，他花了八年的时间，在上海闵行区竹港河边修了一条便民小路，后来被命名为"吴金根尊重路"。这是一条怎样的路？老人又为什么要修这样一条路呢？

第三篇
积善之方

吴金根年轻的时候，走过一段弯路，曾两次入狱。出狱后为了生活，做了一段水产生意，但曾经入狱的经历，让周边的人都对他敬而远之，卖水产起早贪黑，还没人信任，生意很难做。这让吴金根非常自卑。

一次机会，街道安排未就业人员工作，经过街道的努力，吴金根当上了一名河道保洁员。重获认可，吴金根非常感动，一心想为邻居们做点什么。

一次，吴金根发现河道的一侧，被人倾倒了大量的垃圾，气味难闻，大家都躲着这块走，于是赶紧联系了保洁队派铲车拉走。可是今天拉走了，隔几天又有人给倒上了，怎么办？吴金根萌生了在这修一条路，把这块地美化起来的想法，这样大家不就不好意思倒垃圾了嘛。

想法有了，吴金根马上行动起来。他自费买了三轮车，一边整理路面，一边到工地上捡砖头硬化路面。刚开始大家不理解他，怪话特别多，他也不在意。还有一次，他在工地捡碎砖头，被工人当成了小偷，怎么都解释不清，只能把工人带到河边小路上看。工人们都被老人的壮举感动了，以后有砖头都主动给老人留着。

一晃三年，小路初见规模，吴金根的做法也得到了居民的认可，有人送来了花草，还有市民主动过来帮他铺路。老吴硬是一个人把原来杂草丛生、垃圾成堆的河岸变成了休闲亲水平台。

一晃又是五年。八年的时间，用坏了三辆三轮车，用捡来的"百家砖"，吴金根用双手铺出了一条长一千米，宽五米的路，这条路八年间被他反反复复地修了四遍。路修得平平整整，种上了橘子树、枇杷树，花坛里种满了月季花。

有人问过他，这是为啥呀？吴金根说："我就是要做点事情，对得起社会提供的工作，要让别人看得起自己，不能让儿子因为自己的过往抬不起头。"

"要做件让人看得起的事",朴素的语言反衬出老人的伟大。老人的善举获得了大家的尊重。"吴金根尊重路"的路牌也将永远成为老人的纪念碑,被千万人尊重、称赞。

谁还能说普通人做不了"兴建大利"的善事?世上无难事,只要有心人。

兴建大利的善举就讲解到这里。下一节我们一起来学习什么是舍财作福?

26 什么是舍财作福?

原文:

何谓舍财作福?释门万行,以布施为先。所谓布施者,只是舍之一字耳。达者内舍六根,外舍六尘,一切所有,无不舍者。苟非能然,先从财上布施。世人以衣食为命,故财为最重。吾从而舍之,内以破吾之悭,外以济人之急。始而勉强,终则泰然,最可以荡涤私情,祛除执吝。

积善的第七种方法。什么是舍财作福?

先看看了凡先生是怎么理解舍财作福这种积善方法的。

佛家认为,千千万万的善行之中,以布施最为重要。所谓布施,其实就是一个"舍"字。悟道有成的人,于内可以舍掉眼、耳、鼻、舌、身、意等六根,做到六根清净;对外则可以舍去色、声、香、味、触、法等六尘。总之,不管有形无形,所有的一切,没有不能施舍的。

假如一开始达不到这种境界,可以先从施舍财物做起。世间之人都得穿衣吃饭，所以往往把钱财看得最重。如果能够施舍这些看得最重的钱财，那么，在内可以破除人的吝啬习性；对外又可以救人于危急。

当然，刚开始做施舍善事的时候，会感觉到有点舍不得，做得很勉强，但只要肯坚持，最后也就不觉得心疼了。这种舍财作福的方法，最有助于改变自己的私心，从而去掉自己吝啬的恶习。

这一节"舍财作福"是从佛家的观念来讲的。内容很好理解，道理却很深奥。要想弄清楚里面的道理，先要弄清楚一个重要的佛家用语"布施"。布施可不是简单地捐钱捐物，明白了布施，本节里的道理就全明白了。那什么是"布施"呢？

"布施"一词最早出于《庄子·外物》，里面有这样一句诗歌"青青之麦，生于陵陂[bēi]。生不布施，死何含珠为"。意思是说那些贵族们，活着的时候不去布施，死了倒是舍得把明珠放在口中下葬，希望肉体不腐，可是这又怎么可能呢？

佛教是汉初传入中国的，可见是在梵语汉化的过程中借用了布施一词。如今布施已经成为佛家的专用语。下面咱们通过几个问题把布施先讲明白了。

首先，"布施"到底是什么？

"布施"就是以自己所有，普施一切众生。佛家倡导要怀着一颗慈悲的心，给予他人福祉和利益。佛家有施度、戒度、忍度、静进度、禅度、慧度的六度说法，这是从烦恼的此岸到达觉悟的彼岸的六种修炼方法。而布施是六度之首，也是佛家认为最容易去做的法门。所以和尚们称呼人叫"施主"就是这个原因啦。

其次，为什么要去"布施"呢？

《维摩经》中说："布施是菩萨净土，菩萨成佛时，一切能舍众生来生其国。"可见佛家把布施作为修行的第一个突破点，认为这样可以历练自己的身心，增长自己的智慧，积累自己的福报，这些都是为到达觉悟彼岸做的积累。

佛经里有这样一个故事。

佛祖当年出去传经布道的时候，有个爱占便宜的妇人总是喜欢跟着他，她可不是为了听佛祖讲经，而是佛祖讲经后，总有一些供奉，佛祖会转施给她。

一次，佛祖为了教化她，就对她说："只要你说出'不要'二字，这些供奉还会布施给你。"

妇人心想这还不容易，可是贪心极重的她几次话到嘴边，"不要"二字竟然就是说不出口。这时妇人才认识到自己原来如此贪婪。

人不愿意做善事，不愿意帮助他人的原因是自私，因为总是有贪婪、吝啬的心性。布施就是为了治疗这种毛病。这种毛病存在，人就无法解脱，无法到达觉悟的彼岸。这就是为什么要布施的原因。

第三，布施有哪些种类呢？

《大智度论》里说："出家重持戒，居家重布施。"布施可分为三种。

第一种是财布施。就是施舍金钱与物品给穷人和需要的人，既帮助了他人，也能去除自己贪婪和吝啬的心性，同时还有很大的福报。《地藏经》说："舍一得万报。"说的就是财施的人可以得到大财富的回报。

第二种是法布施。就是用自己的清净心或讲经说法，传播佛理，或刻印佛经传播世人，培养世人的智慧。《法华经》说："诸供养中，法供养最"。法施的人能得到大智慧的回报。

第三种是无畏布施。就是用合适的方法，安慰排解心有烦恼的人，帮助他们走出困境和烦恼。《普贤菩萨行愿品》说："菩萨以方便力为我们在怖畏急难中，能施无畏"。无畏施能得到健

第三篇 积善之方

康和快乐。

其实,这只是一种笼统的分类,只要心里有善念,施舍什么都是布施,都有功德。布施本来就是利他利我,两全其美的方法。来听一个布施的小故事大家就明白了。

曾经有一个人跑到佛祖面前诉苦。这人说:"我什么事都做不成,这是为什么呀?"

佛祖说:"因为你没有学会给予他人。"

这人说:"我是一个穷光蛋,我能给人家什么呀?"

佛祖说:"并非如此。一个人即使没有钱,也可以给予别人七样东西。第一,你微笑对人,此为和颜施;第二,你对他人要多说鼓励的话、安慰的话、谦让的话,此为言施;第三,对人诚恳,此为心施;第四,用善意的眼光看人,此为眼施;第五,用行动去帮助他人,此为身施;第六,乘船坐车时给老人妇孺让个座,此为座施;第七,给他人提供一个休息的地方,此为房施。"

佛祖接着说:"什么时候你具备了这些好习惯,你的好运也就来啦。"

您看,是不是什么都可以施舍?关键在于你肯不肯真心去布施。

第四,布施应该具备什么心态?

先讲一个小故事。有个人听完一位禅师讲经,很受启发,于是走到禅师面前说:"等我有钱了,一定修缮庙宇,再塑佛祖的金身。"

禅师笑笑说道:"等你有钱了,你也不会布施,况且你也不会有钱。"

那人不解,问道:"禅师,这是为什么?"

禅师说:"因为富有从布施中来。我且问你,饿了,等有钱了再吃,可行否?"

那人说:"那当然不行,那不饿死了嘛。"

禅师说:"这就是布施的道理啦。穷是因为吝啬,心中只有自己,若想富贵,必然要心胸宽广。布施本就是为了让你心胸宽广,不再吝啬。你偏要等到有钱后才肯布施,又如何富贵呢?况且无钱也可行布施,为何不先做起来呢?"

布施的心态就是如此。人生无常,此时生,不知何时死。要做就不能等。等有了钱,未必能真去施舍。有一元钱,舍得布施就是满善。一元钱都舍不得,等真有了一百万,那更舍不得去布施。

布施的一切都是给自己做的。愚者总在找借口,智者总在找机会。俗话讲:"舍得舍得",没有舍,哪里去得?因为舍了,心量越来越大,福田心耕,得到的自然越来越多。《法华经》讲:"功不唐捐",说的就是这世界上的所有功德与努力,都是不会白白付出的,必然是有回报的。

佛经里又说"境由心转",只要我们能够淡化自己的贪心贪欲,勇于布施,心境的转变必然带来处境的转变。这也是这一节舍财作福之中,了凡先生要明确的核心道理。

下一节,我们一起去听了凡先生讲如何护持正法。

27 什么是护持正法?

原文:

何谓护持正法?法者,万世生灵之眼目也。不有正法,何以参赞天地?何以裁成万物?何以脱尘离缚?何以经世出世?故凡见圣贤庙貌,经书典籍,皆当敬重而修饬之。至于举扬正法,上报佛恩,尤当勉励。

积善的第八种方法。什么是护持正法？

老规矩，先来了解一下了凡先生对护持正法的理解。

法就像万世生灵的眼睛，引导众生不至于迷失方向。没有正法，怎么去参与天地之间的造化？怎么成就万物有序地生长？怎么挣脱俗世凡尘的束缚？又怎么去治理世间的事务，以达到解脱出世的境界。

因此，凡是见到供奉着圣贤、佛菩萨的庙宇法相，或者是经书典籍，都应该恭敬尊重，如有毁坏，还要修缮整理。至于弘扬正法，报答佛祖开启众生智慧的大恩大德，更是应当相互劝勉、努力去做的事。

这一段里主要讲的是佛家的观点。所以必须先弄清楚几个概念。什么是佛？什么是法？什么是正法？什么是护持正法？弄懂了这几个佛家专用的概念，自然就懂得了这一段的内容，自然就懂得了如何去做。

万事有源头，先讲讲什么是佛。

"佛"字，"人"字旁加一个"弗"字，"人"是指佛本是从人修炼而成；"弗"是否的意思，合起来，就是否定了原来的自己，去除五欲六尘，成为一个觉悟的人，从人中来而超越了人世，到达了彼岸的人，就是佛。

佛祖本名乔达摩·悉达多，出生于公元前565年，是迦毗罗卫国的太子，他的父亲是国王净饭王。考古证明，迦毗罗卫国位于今天的尼泊尔南部与印度接壤的地方，这里曾是释迦族聚集的地方，因此悉达多觉悟成佛后被尊称为释迦牟尼，意思是释迦族的贤者。

悉达多年少时聪明好学，什么事都喜欢问个为什么。青年的时候，悉达多第一次走出王宫，看见百姓的生活非常凄惨，回宫后闷闷不乐，开始思考人生解脱的方法。

那时候印度次大陆和中国的战国时代处于一个时期，也是各国之间战乱不断，百姓的日子自然好不到哪去。

终于，悉达多决定出家。悄悄离家后的悉达多剃掉了头发，先去苦行林做了苦行僧，当时的苦行僧通过折磨自己的肉体，希望获得解脱。悉达多认为这根本不是办法，于是就离开了。

离开后，悉达多南渡恒河，拜访了很多当时的修行之人，交流修行的心得。可是在悉达多看来，这些都不是真正的人生解脱之道。这期间悉达多苦苦思索，最后在尼连禅河边的一棵菩提树下，悉达多觉悟成佛，开创了佛教，那一年佛祖35岁。

您看，佛祖也是凡人修炼而成的，所以佛家认为众生平等，所有人只要按照佛祖的教义修炼自我，都有机会成就佛位。《西游记》中的唐三藏和孙悟空一人一妖，不就通过修炼成了佛吗？

这里所说的佛祖的教义，就是"法"。法的梵语是"达摩"。法可以理解成不变的规律，因为佛家认为佛祖觉悟的是宇宙的真理，所以佛祖流传下来的教义也是宇宙的真理、人生的真理。

这些"法"通过佛经流传于世，教化众生。佛家认为，只有这些佛经里记载的法才是"正法"，小乘佛教要求通过三法印，这个法印印上了，就是正法；大乘佛家要求一实相印，和实相符合了，就是正法。简单点说，按照佛经里讲的佛祖的思想去做，就是佛门正法。其他的都是邪门歪道。

还有最后一个概念，就是"护持正法"。怎么才算是护持正法呢？

佛家把信众叫四众弟子，指的是出家的男女和在家的男女，合称四众弟子。出家的统称僧侣，在家的统称居士，居士不必成为出家人，是心中信仰佛法的人。大家去寺庙拜佛或是旅游，经常会看见居士林,那就是居士们活动的地方。

大家都有一个信仰,就一定要共同维护佛家的正法,这就统一叫护持正法。再分得细一点,出家的僧人叫住持护法,在家的居士叫护持护法。大家共同护持正法,共同修炼,以求脱离苦海,到达佛祖所在的西方乐土。

那么如何来护持正法呢?特别是普通人如何护持正法呢?这就要求不能空喊口号,要落实到生活、工作的行动当中去。

首先,要端正自己的态度,提高自身的修养,要把贪、嗔、痴、杀、盗、淫这些负面品质降到最低,才能心怀善心,才能具备帮助他人的胸怀和气度。这就好比种庄稼,你施了肥,浇了水,庄稼和野草肯定一块成长,而且野草长得一定比庄稼快。所以必须除草,也就是拂去六尘,让六根清净。

其次,要勇于做善事,要从小善事做起,一屋不扫何以扫天下?要从身边事开始做起,与家人和睦是善,与同事友爱也是善,只要正确地帮助他人都是善,都是护持正法。

最后,就是要觉悟人生,奉献人生。不但自己要不断提高素质,增长佛道,还要树立帮助他人,帮助社会,帮助国家的宏伟志向,这就是佛家所说的正法久住。

这一节的护持正法就讲到这里。接下来我们开启下一节——什么是敬重尊长?

28 什么是敬重尊长?

原文:

何谓敬重尊长?家之父兄,国之君长,与凡年高、德高、位高、识高者,皆当加意奉事。在家而奉侍父母,使深爱婉容,柔声下气,习以成性,便是和气格天之本。出而事君,行一事,毋谓君不知而自恣也。刑一人,毋谓君不知而作威也。事君如天,古人格论,此等处最关阴德。试看忠孝之家,子孙未有不绵远而昌盛者,切须慎之。

积善的第九种方法。什么是敬重尊长?

了凡认为,家里的父母、兄长,国家的领袖、上级,还有所有年龄、道德、职位、学识比我们高的人,都应该给予尊重。

在家侍奉父母,要和颜悦色,柔声细语,等到养成习惯以后,自然就有了良好的性情,这便是和气感通上天的根本。

当官服务君王,每做一件事,不要以为君王看不见就放纵自己。每处罚一个人的时候,不要以为君王不知道就作威作福。对待君王所交付的任务,要像对待上天一样恭敬,这是古人做事的原则,这些方面都和阴德关系很大。

试看忠孝两全的人家,子孙后代哪有不繁荣昌盛的?对待这些一定要特别地小心谨慎。

这一节里,了凡先生讲了作为人一定要具备的基本道德水准,在家要孝敬父母,在外要尊重长辈、前辈和领导。

在家要孝敬父母,这个道理不用多说。父母是给予了自己生命的人,可以说是最亲的人,如果说这个社会上还有谁不会坑你害你,恐怕父母要排到第一位。成语里有乌鸦反哺、羊羔跪乳的故事,古代经典《孝经》里有种种孝道。关于孝道的名人名言简直太多了,都是在教育大家一定要孝敬父母,以报答父母的养育之恩。咱们一起去看看古人是怎么讲孝道的。

《孟子》说:"惟孝顺父母,可以解忧。"又说:"无父无君,是禽兽也。"亚圣认为孝敬父母是最快乐的事。对于不孝敬父母的人,亚圣可就有点恨得牙根痒痒了,直接说不孝敬父母的人就不是人,是禽兽。

《礼记》里说:"孝有三:大尊尊亲,其次弗辱,其下能养。"意思是"孝敬父母有三个层次,最高层次是从心底里尊敬父母;差一点的是不能让父母受辱;最差也是要好好赡养父母。"

如果按照《礼记》的分类,大家不妨悄悄地对号入座一下,看看您对待父母处于哪个层次?

现在很多人孝敬父母就是简单地给老人点钱,就觉得尽到了赡养的义务,其实这只是孝敬父母的最低境界。现今,特别不应该的是,还出现了啃老族。啃老族如果用孟夫子的话,那成了什么了?

不让父母受辱,里面包含了很多含义。对父母粗声大气是辱,不求进步让父母操心是辱,自己办了错事,甚至违法、犯罪,让父母蒙羞更是辱。你看了凡在本节原文中也说,对待父母要和颜悦色,柔声下气,说的是一回事。

大尊尊亲,是孝敬父母的最高境界。父母对待儿女付出最多的是情感,想要报答父母恩,当然也要用情感来回报。当今社会浮躁,成年人都很忙,但除了赡养父母之外,一声对父母的问候,哪怕电话里拉拉家常,都能让父母得到莫大的满足,快乐一整天。

咱们讲一个革命前辈孝敬母亲的故事。

1962年,陈毅元帅担任外交部部长期间,因常年在外工作,一直无法去探望母亲。恰巧一次出国访问回来,路过家乡,赶紧去看望病重的母亲。

陈毅的母亲瘫痪在床,生活不能自理,陈毅出钱聘请了护理人员。陈毅进家门时,母亲非常高兴,忽然想起刚换下来尿湿的裤子，还没来得及收起来，就示意护理人员赶紧收到了床下。

陈毅见到久别的母亲，心情很激动，坐到母亲的床边，握住母亲的手，嘘寒问暖，有说不完的话。

过了一会，陈毅问道："娘，我进来的时候，你们把什么藏到床下了？"

母亲看瞒不过去，只好说了实情。

陈毅听了，忙说："娘，您久病卧床，我不能在您身边伺候，心里不好过，这裤子应当由我去洗，何必藏着呢。"

护理人员听见，赶紧说："陈老总，您工作太忙了，这些小事还是我们去做吧。"陈毅的爱人也抢着去洗。

陈毅急忙拦住，对母亲动情地说："娘，我小时候，您不知给我洗了多少次尿裤，今天我就是洗上再多的尿裤，都报答不了您的养育之恩呐。我就坐在这里洗，一边洗，咱们娘儿俩一边说说话。"

说完，陈毅把尿裤和其他脏衣服都拿出来，洗得干干净净。看着儿子，老人的脸上露出了慈爱、欣慰的笑容，病情好像都轻了很多。

陈毅元帅是开国元勋，工作非常繁忙，百忙之中尚且要看望母亲，并亲自给母亲洗尿裤，体现的是对母亲浓浓的爱，满满的敬。他理解母亲养育自己的不容易，也对不能承欢膝下抱有负疚之心。他的一片孝心，值得所有儿女学习、效仿。

推而广之，在社会上对于师长、前辈、领导也要给予尊重。我们的生命来源于父母，我们的慧命却是来源于老师和前辈们。无论是在学校里教授你知识的老师，还是工作中带领你进步的前辈，都是给予我们智慧的人，理当敬重。

最后说侍奉君王。现在社会体制进步了，没有君王了，我们可以理解成上级领导。对待领导当然也要尊重。还是讲一个小哲理故事，不过咱们调皮一下，看看不尊重领导的后果。

话说一个经理带着两个员工加班的时候，小哥儿送来快递，打开后发现里面竟然是传说中的阿拉丁神灯。哎呀，这可是好东西呀。经理摩擦了一下神灯，灯里蹦出一个精灵。

精灵说："我可以满足你们每人一个愿望。"

一个员工抢着说："我先，我先，我想去澳门赌城，喝最好的酒，赢好多的钱。"咻，他不见了。

另一个员工看到神灯真灵，也抢着说："我来，我来，我想去夏威夷，住豪华别墅，再娶个亿万富翁的女儿当老婆。"咻，他也不见了。

精灵看着满脸铁青的经理，说道："那么，该你啦。"

经理咬牙切齿地说："我要那两个笨蛋马上回来工作！"

这就是不尊重领导的后果，令人难忘。哦，你懂的。

敬重尊长的道理就讲解到这里，下面我们一起去学习积善的最后一种方法——什么是爱惜物命。

29 什么是爱惜物命？

原文：

何谓爱惜物命？凡人之所以为人者，惟此恻隐之心而已；求仁者求此，积德者积此。周礼：孟春之月，牺牲毋用牝。孟子谓君子远庖厨，所以全吾恻隐之心也。故前辈有四不食之戒，谓闻杀不食，见杀不食，自养者不食，专为我杀者不食。学者未能断肉，且当从此戒之。

渐渐增进，慈心愈长。不特杀生当戒，蠢动含灵，皆为物命。求丝煮茧，锄地杀虫，念衣食之由来，皆杀彼以自活。故暴殄之孽，当于杀生等。至于手所误伤，足所误践者，不知其几，皆当委曲防之。古诗云：爱鼠常留饭，怜蛾不点灯。何其仁也！

善行无穷，不能殚述；由此十事而推广之，则万德可备矣。

积善的第十种方法。什么是爱惜物命？

前面咱们讲过，佛家的大戒里就有戒杀生这一条。了凡先生在"改过之法"里也用杀生举过例子。可见不要杀生在所有善事里的重要程度。先来看看了凡先生是怎么说的。

人之所以成为人，那都是因为人有恻隐之心。追求仁道的人追求的是这一点，行善积德的人追求的也是这一点。

《周礼》上记载："在每年的农历正月期间，正是动物怀胎的时节，因此祭祀时所用的供品，不可以用雌性动物，以免伤及胎内的生命。"

孟子也说："君子应当远离厨房。"这可不是让君子别去厨房劳动，而是因为厨房常有杀生之事，所以儒家认为君子应该远离这个场所，就是为了保全我们的恻隐之心。

所以，前辈们有"四种肉不应该吃"的告诫，说："听到牲畜被杀时的哀号声，看见动物被杀时的惨状，自己养的宠物，专门为了招待我而杀的,这四种肉不应该去吃。"想要效仿前贤的人，如果一时还不能完全戒除荤腥，也应该要从这"四不食"的戒条做起。

从四不食这个戒条做起，逐渐地进步，慈悲心也就愈来愈多。不但杀生应该戒除，就算是一些小生物也都有生命，都应该爱惜。

抽取蚕丝要先用沸水煮茧，种地除草也可能杀死小虫。想想

第三篇
积善之方

我们穿的衣服,吃的饭菜,都是以杀害别的生命来获得的,所以糟蹋粮食,损毁衣物这些不节约的做法,和杀生的罪过实在是没什么区别。

至于一时不小心,手下误伤的、脚下误踩的小生命,更是不知道有多少。这些也都应该尽量避免伤害它们。苏东坡有一首诗说:"为鼠常留饭,怜蛾不点灯。"这是多么仁慈的心呀!

这一节中说的是不要杀生。儒释道三家其实都反对杀生,佛家、道家的出家人都要持不杀生的戒律,儒家虽然没有戒律,但儒家讲仁,也反对杀生。

儒家经典《孟子·梁惠王章句上》里说:"君子之于禽兽也,见其生,不忍见其死,闻其声,不忍食其肉。"因为儒家讲"仁",仁者怎么能杀生呢?

佛经《大智度论》里龙树菩萨说:"诸余罪中,杀业最重,诸功德中,不杀第一"。您看,佛家不但不能杀生,而且把不杀生放在五戒里的第一戒。

其实2000多年以来,儒释道三家在文化交流中,融会贯通,早已经你中有我,我中有你。大家看儒家倡导的是:仁、义、礼、智、信;佛家五戒是:不杀生、不偷盗、不邪淫、不妄语、不饮酒。

"不杀生"是"仁","不偷盗"是"义","不邪淫"是"礼","不妄语"是"信","不饮酒"是"智",这就是中国传统文化融合的结果,也形成了中华民族共同遵守的道德规范。所以不管您是否有信仰,也不管信仰的是什么,共同遵守的道德规范一定要坚守。

在佛家而言,"不杀生"是第一戒律,这里所说的不杀生指的是不杀"有情众生"。"有情众生"说的是"有灵魂的众生",动物都属于这一类。不杀生一是为了不让有灵魂的众生,因为身体受到迫害而感到痛苦，同时避免这些灵魂，因为痛苦而生怨恨；二是为了增长自己的慈悲心，让自己没有戾气，容易平静，有利于修行。

　　佛家讲出家人要持不杀生的戒律，在家居士不必持戒，但吃素最好，如不能做到完全吃素，吃荤也要吃"三净肉"。佛家所说的三净肉，是不见为你杀，不闻为你杀，也没有任何迹象表明是为你杀，在这种情况下，吃这种肉也不算是杀生。这和了凡先生说的"四不吃"一个道理。

　　那为啥吃素不算杀生？因为佛家认为，植物属于生命，但是没有感觉，也不知疼痛，属于"无情众生"的范围，是可以食用的。这就是佛家食素的原因。这一切都是为了爱护生命，从而培养自己良好的情操，成为一个高尚的人。

　　另外，不杀生在佛家来讲也算是一种无畏布施，功德很大。在《譬喻经》里记载了一个小故事，讲的就是救护生命得以延寿的事情。

　　话说有一个证得宿命通的老和尚，带着几个小沙弥在深山之中修行。宿命通是佛门弟子通过修持禅定得到的一种神秘法力，可以看人生死。

　　一天，老和尚心血来潮，用神通看了一下弟子们，这一看不得了，发现其中有一个小沙弥，寿命只剩下七天了。老和尚心中不忍，也不敢说破。于是把小沙弥叫到身前。

　　老和尚说："徒儿，你跟为师的在此修行，也有些时日了，为师的给你十天假期，回家探望母亲，多尽一些孝道。"

　　小和尚听闻，很是开心。谢过师父以后就回家探母去了。小沙弥走在路上，看见小溪中正有一群蚂蚁被溪水困在石头之上，乱作一团。水如果再大些，蚂蚁们就被淹没了。

第三篇
积善之方

小和尚于心不忍，于是捡了一根粗树枝，在石头和陆地之间搭了一座小桥，蚂蚁们通过树枝纷纷爬到了岸上。见蚂蚁们没事了，小沙弥满心欢喜，蹦蹦跳跳地回家探母去了。

十天很快就过去了，小和尚按照师父的要求如期回到了寺里。看到小和尚满面红光，活蹦乱跳的样子，老和尚吃了一惊，忙问小和尚这些天都干了什么，小和尚一五一十地都说了。

听完后，老和尚入定观察，这才明白小和尚因为救了千万的蚂蚁，延长了寿命。这就是佛经里讲的护生长寿的故事。

不杀生就是行善。这就是了凡先生在本节中要重点表达的意思。

在本篇的最后，了凡先生总结道："善行的种类无穷无尽，没法一一罗列，从与人为善、爱敬存心、成人之美、劝人为善、救人危急、兴建大利、舍财作福、护持正法、敬重尊长、爱惜物命，这十种善行推而广之，那么各种德行基本上就都完备了。"

至此，《了凡四训》的第三篇"积善之方"就全部解读完毕了。下一篇我们开启第四篇"谦德之效"的讲解之旅，与众位读者朋友们共勉！

第四篇 谦德之效

谦虚使人进步
骄傲使人落后

01 谦虚使人进步

原文：

易曰：天道亏盈而益谦，地道变盈而流谦，鬼神害盈而福谦，人道恶盈而好谦。是故谦之一卦，六爻皆吉。书曰：满招损，谦受益。予屡同诸公应试，每见寒士将达，必有一段谦光可掬。

《易经》说："天道亏盈而益谦；地道变盈而流谦；鬼神害盈而福谦；人道恶盈而好谦。"在《易经》中，只有"谦卦"的六个爻，全部都是吉象。

了凡先生用了《易经》里的第十五卦"谦卦"作为"谦德之效"的开篇语，足见《易经》在了凡心中的地位。其实不只是了凡，孔圣人晚年的时候也非常喜欢读《易》，喜欢到什么程度呢？经常翻看以至于捆竹简的皮条都断了很多次，这就是"韦编三绝"的典故。

后来宋代的理学家朱熹对《易》也做过详细的注解。当代国学学者南怀瑾总结《易经》的三个原则是"变易、简易、不易"，意思是说《易经》讲述了世界变化的原理，古人将这些原理简化凝练而成《易经》，是古人总结出来的亘古不变的规律。

大家都知道《易经》里共有64卦，每一卦都是有吉有凶，只有这个谦卦全是吉象，也是够奇妙的。谦卦的卦辞中讲述了天、地、鬼神、人四道的运行规律，咱们先来讲讲这段卦辞的意思。

天道的法则是：已经圆满的会让它向不圆满转变，不圆满的却让它向圆满转变，就像月亮最圆的时候，必定会慢慢转为缺损一样；

地道的法则是：对于过度满溢者，也会使其产生变动，去补

第四篇
谦德之效

充不够满溢的地方,就像池水在填满以后,总会流向低洼处去填补它;

鬼神的法则是:对于骄傲自满的人,就会让他受到一点惩罚,但对于谦虚的人,却会使其得到应得的福报;

人道的法则是:人性都厌恶骄傲自大者,反而喜爱谦虚的人。

谦卦卦辞的总体意思是说,天道、地道、鬼神道和人道,他们的本性或者规则都是有益于谦,流向于谦,福报于谦和喜好于谦的。引申为谦虚的人契合了天地之道,所以会被鬼神保佑,被人们喜爱和尊重。

谦卦的卦体中,上卦是坤,指大地;下卦是艮,指高山。艮下坤上,呈现的是高山藏在大地之下的景象。山本来很高大,但处于地下,高大显示不出来。说明山很谦虚。引申到人就好比一个德行很高的人,却很谦虚低调,一点都不张扬。

山在地下,地在山上,是空谷藏锋之象,远观看似一马平川,近察则巍巍然巨峰暗藏。这正是谦谦君子之品格:自强而处弱,善始善终,天道佑之。

生活中我们会接触很多人,每个人的性格又千差万别,但是仅仅从能力的高和低,处事态度的骄傲和谦虚两个维度,可以划分为四种人。

第一种人是自弱而能示弱者。这种人难能可贵,可贵之处在于有自知之明。自弱的原因很多,可能是知识储备不足,经验不多,或者条件还不成熟,但是只要具备了谦虚的品质,等到知识、经验储备充足了,条件满足了,自然会一飞冲天。

举个例子,公元前631年,正值春秋时期,楚庄王继承了王位,刚继位的楚庄王不知道大臣们哪些是真的为国为民,哪些是趋炎附势之徒,刚刚登基,根基太浅,贸然大刀阔斧地改革,楚庄王认为可能会面对失败的危险，于是他想了一个办法：示弱。

连续三年，楚庄王不理朝政，只是风花雪月，很多大臣都来劝谏。楚庄王干脆下旨："再有敢来劝谏的人，就处以死罪。"

一时间大臣们和百姓都认为这是一个无道的昏君。奸臣贪官们又开始肆无忌惮地干起坏事来，可是忠贞之士却开始忧国忧民起来。

终于，有个叫伍举的大臣实在看不下去了，觐见楚庄王，说："听说大王喜好谜语，臣有一谜，想和大王分享，说楚国的山上有一种鸟，五彩羽毛，很是神气，可是这鸟落在高处，三年不飞不鸣，臣想让大王猜猜这是什么鸟？"

楚庄王想了想，笑着说："爱卿呀，此乃神鸟，这种鸟不飞则已，一飞冲天；不鸣则已，一鸣惊人。"

伍举会意地走了。又一日，大臣苏从觐见楚庄王。苏从是个直性子，哑谜也不会说，直截了当地劝楚庄王要做一个明君。

楚庄王假意大怒，说："你不知我下的禁令？"

苏从毫无惧色，直言道："今天臣本就是来死谏的。"

楚庄王大喜，笑道："好！你们都是忠君为民的良臣，时机已到，你等可以随本王做一番事业了。"

从那以后，楚庄王励精图治，将奸臣贪官和阿谀奉承之徒尽皆撤职查办，重用敢于谏言的伍举、苏从等人，仅用了半年，楚国景象为之一新，当年就收服了楚国南方的许多部落，第六年灭掉了宋国，第八年已经将疆土扩大到了河南洛阳一带，天下震动。最终，楚庄王带领楚国成为春秋五霸之一。

这就是一飞冲天、一鸣惊人两个成语的典故，也是自弱而能示弱的典型案例。

第二种人是自弱而逞强者。这种人明明自己没啥能力，却要

第四篇
谦德之效

装作有能力，自吹自擂，眼高手低，做事全凭一张嘴，明明是墙上芦苇，却要嘴尖皮厚地狐假虎威，是十足的虚伪奸诈之人。生活中应尽量避免与此种人交往。

第三种人是自强而逞强者。这种人确实是强人，往往在某一方面能力很强，但是这种人有能力却不招人喜欢，特立独行，刚愎自用，能成就一番事业，但终因为不知道过刚易折的道理，容易招致诬陷和诟病，一般不会长久。

第四种人是自强而示弱者。这种人的品性是古人最提倡的，有才而不自傲，能以平等心待人，就像谦卦的爻辞中说的"劳谦，君子有终"。劳谦是说人要勤奋，要用心劳力，不要只是空谈。劳为先，谦为守，劳，无往而不至；谦，无往而不胜。只有具备了这两点，一定能够君子自强，有始有终。

咱们对这种人也举个例子，看看我们最推崇的第四种人是如何做事的。

清康熙年间，桐城境内，文华殿大学士兼礼部尚书张英的老宅和一户姓吴的人家相邻。修院墙的时候，两家发生了争执，互不相让。官司打到了县衙，两家都是名门望族，知县非常为难。

于是，张英的家人修书一封，让人快马送到了京城。张英见到书信后，非常不快，写了一首诗送回老家。诗是这样写的："一张书来只为墙，让他三尺又何妨。长城万里今犹在，不见当年秦始皇。"

老家的人终于盼到了书信，满心欢喜，打开一看，明白了张英的心意，很是惭愧，于是主动将院墙后撤了三尺；吴家知道了来龙去脉后也很感动，也将院墙后撤了三尺，便形成了一条六尺宽的巷道，这就是"六尺巷"的由来。如今，这里已经成了著名的旅游景点。

后来张英的儿子也官拜大学士,就是清朝著名的贤相张廷玉。

谦卦中的智慧警示我们:做人要包容忍让,平等待人,只有心胸开阔,谦虚礼让的人才能被世人敬仰。但谦虚的品德不是天生的,也不是装出来的,是出自内心的谦逊示弱,是一种道德修养,是一项高层次的修行。《书经》里说:"满招损,谦受益。"就是这个道理。

谦虚是一种美德,谦虚的人自然也会有好的福报。所以了凡先生接着说:"我每次去参加考试,都会观察那些寒门子弟,发现有人即将要考中之前,他们的脸上必定都会洋溢着谦和安详的光彩。"

接下来了凡先生举了几个学子"谦光可掬"的案例,这些案例都讲了什么内容呢?

02 都是谦虚的楷模

原文:

辛未计偕,我嘉善同袍凡十人,惟丁敬宇宾,年最少,极其谦虚。予告费锦坡曰:此兄今年必第。费曰:何以见之?予曰:惟谦受福。兄看十人中,有恂恂款款,不敢先人,如敬宇者乎?有恭敬顺承,小心谦畏,如敬宇者乎?有受侮不答,闻谤不辩,如敬宇者乎?人能如此,即天地鬼神,犹将佑之,岂有不发者?及开榜,丁果中式。

丁丑在京,与冯开之同处,见其虚己敛容,大变其幼年之习。李霁岩直谅益友,时面攻其非,但见其平怀顺受,未尝有一言相报。予告之曰:福有福始,祸有祸先。此心果谦,天必相之。兄今年

第四篇
谦德之效

决第矣。已而果然。

赵裕峰光远，山东冠县人，童年举于乡，久不第。其父为嘉善三尹，随之任。慕钱明吾，而执文见之。明吾悉抹其文，赵不惟不怒，且心服而速改焉。明年，遂登第。

壬辰岁，予入觐，晤夏建所，见其人气虚意下，谦光逼人。归而告友人曰：凡天将发斯人也，未发其福，先发其慧。此慧一发，则浮者自实，肆者自敛。建所温良若此，天启之矣。及开榜，果中式。

咱们前文中讲过，了凡先生一生的仕途比较坎坷，举人考了六次，进士也考了六次才考上，这样的经历，学问上了凡自认没有问题，那么到底是什么原因让自己屡试不中？这是了凡一直努力思考的事。最后了凡想通了，总结为要修心，要改过，要积善，要谦逊。这里举的例子都是了凡的亲眼所见，亲耳所闻的谦虚使人进步的案例。

下面讲第一个案例。

辛未年，我们嘉善县的同乡共有十个人一起去进京赶考，其中只有丁敬宇这个读书人年纪最小，却是极为谦虚。

我就和费锦坡说："丁敬宇这位仁兄今年一定会考中。"

费先生问："何以见得他会考上呢？"

我回答说："只有谦虚的人才能承受福报！锦坡兄，您看我们十人当中，有像敬宇这样的吗？诚实厚道、不抢人先，恭恭敬敬、逆来顺受、小心谨慎，受人侮辱而不回应，被人诽谤而不争辩。一个人能够做到这样，就是天地鬼神也要保佑他，岂有不发达的道理？"

等到发榜时，丁敬宇果然考中进士。

丁敬宇，名宾，字敬宇，和了凡是同乡。隆庆五年（公元1571年）和了凡一起去参加会试，那一年丁敬宇考中进士，也就是那一年，了凡因"五策不合式下第"。从此改名袁黄，字坤仪。

万历十四年（公元1586年），了凡考中进士的时候，丁敬宇已经官至御史了，后来一直官至南京工部尚书，授太子太保衔，一品大员。史料记载丁敬宇为人"至柔""无为""谦虚"，是明朝著名的理学家。

丁敬宇为官很有原则，即便是首辅张居正的面子也不给，还因此被罢了官。丁敬宇还是一位善人，天启二年，他给嘉善学宫捐田百亩用于办学；天启五年，捐粮三千石、白银三千两用于赈济贫民；他还把一生的积蓄在家乡建造了东来桥等五座桥梁。

下面讲第二个案例。

丁丑年，进京赶考，我和同乡冯开之住在一起，发现他变得非常谦逊，没有一点小时候骄傲的习气（可见了凡和冯开之不但是同乡，还是发小）。

冯开之有一位朋友，叫李霁岩，为人正直守信，是冯开之的好友。李霁岩直言快语，经常当面指出冯开之做得不对的地方，冯开之都能平心静气地接受，一句反驳的话都不说。

我就跟冯开之说："一个人不管是得福还是招祸，都一定是有原因的。就冲着你心中这份谦虚，上天都会帮你，冯兄今年一定能够高中进士呀！"

后来发榜，果真考中了。

冯开之，就是冯梦祯，字开之，和了凡也是同乡，还是好朋友。万历五年（公元1577年）考中进士，官至南京国子监祭酒，相当于大明国立大学校长的职务。冯开之信佛，是明朝著名的居士，自号真实居士。

第四篇
谦德之效

从这个号就能看出冯开之性格耿直。当年,首辅张居正父亲去世,按照当时的礼法应该回家守孝三年,张居正以国家大事为重的理由,不愿意交出首辅职位,重礼法的大臣纷纷反对,冯开之就是其中一个,所以罢官回了家。

仕途不顺,冯开之开始转向修佛,与了凡、紫柏禅师等人刊刻佛经《嘉善藏》,后来移居杭州,与当时很多的文人和高僧都有来往,对南方禅宗的中兴起到了重要的推动作用。清代学者彭绍升写的《居士传》里有对冯开之事迹的记载。

下面讲第三个案例。

赵裕峰,名光远,字裕峰,山东冠县人,很小就在乡试时考中了举人,但是考进士却屡试不中。后来赵裕峰的父亲到嘉善县担任主簿,赵裕峰于是随着父亲来到了嘉善。

当时,赵裕峰非常仰慕嘉善名士钱明吾先生的学识,就拿着自己的文章去拜见。不料,钱先生把他的文章批改得一无是处。赵裕峰不但不生气,还心悦诚服地赶紧修改。

到了第二年,他就高中进士。

史料记载,赵裕峰为人"性情谦和,平易近人,与世无争"。17岁中举,万历十七年(公元1589年)考中进士,比了凡晚了三年。赵裕峰师从钱先生的时候,了凡已经去宝坻上任去了,这段往事应该是了凡先生听说的。

考中进士后,赵裕峰在平谷、邢台、泾阳等地当过知县,口碑很好,官评为"所至以宽得民"。后来赵裕峰升迁去户部出任主事、郎中等职,受到朝廷的褒奖,最后官至保定知府,因病告老还乡。回乡后赵裕峰待人恭敬,处事谨慎,没有架子,受到乡人的广泛赞誉。

第四个案例。

壬辰年，我进京觐见皇上，有机会和夏建所见了一面，发现他这个人态度谦逊，没有一丝骄傲的神色。脸上流露的都是谦和的光彩。

　　回家之后，我和朋友说："凡是上天想让一个人发达，在还没有让他获得福报之前，必定会让他先心生智慧。这个智慧一产生，那么原本性情轻浮的人，自然变得举止稳重；原本任意妄为的人，也会懂得自我约束。夏建所的品性温和谦逊到这种程度，实在是上天眷顾，他的福报就要出现了！"

　　等到开出榜单，他果然高中进士。

　　了凡先生形容夏建所的气质是"气虚意下，谦光逼人"，这个评价可以说是非常之高，说明这位夏先生个人修养不得了呀。因为相由心生，夏先生已经做到了气随意动，有事则应，无事则静的层次，这时候脸上自然流露出的是一种平和的光彩。这种境界的人我见过一个，很特别，让人看了很亲切，自己的心都会跟着平和下来。

　　因谦虚而生智慧的例子，了凡先生一共举了五个，本节中讲了四个，我们一起去看看第五个案例又讲了什么呢？

03 骄傲的人只要改了就有好报

原文：

　　江阴张畏岩，积学工文，有声艺林。甲午，南京乡试，寓一寺中，揭晓无名，大骂试官，以为眯目。时有一道者，在傍微笑，张遽移怒道者。道者曰：相公文必不佳。张益怒曰：汝不见我文，乌知不佳？道者曰：闻作文，贵心气和平，今听公骂詈，不平甚矣，

第四篇
谦德之效

文安得工？张不觉屈服，因就而请教焉。

道者曰：中全要命；命不该中，文虽工，无益也。须自己做个转变。张曰：既是命，如何转变？道者曰：造命者天，立命者我。力行善事，广积阴德，何福不可求哉？张曰：我贫士，何能为？道者曰：善事阴功，皆由心造。常存此心，功德无量。且如谦虚一节，并不费钱，你如何不自反而骂试官乎？

张由此折节自持，善日加修，德日加厚。丁酉，梦至一高房，得试录一册，中多缺行。问旁人，曰：此今科试录。问：何多缺名？曰：科第阴间三年一考较，须积德无咎者，方有名。如前所缺，皆系旧该中式，因新有薄行而去之者也。后指一行云：汝三年来，持身颇慎，或当补此，幸自爱。是科果中一百五名。

江阴有个读书人，名叫张畏岩，学问很好，尤其擅长写文章，在当时的读书人当中很有名气。

甲午年，张畏岩参加在南京举办的乡试，借住在一个寺院内。开榜的时候，榜上无名。张畏岩闷闷不乐地回到寺院，越想越气，觉得非常不公平，竟然破口大骂，骂主考官瞎了眼，这么好的文章都没有录取。

当时有一位道人正好站在他旁边，听见了张畏岩骂人，看着他笑了笑。

张畏岩正在气头上，认定道人是在耻笑他，竟然冲着道人去了。

那道人无奈，就开口说："这位相公，您的文章一定是写得不好。"

张畏岩听了这话，更是火冒三丈，说："你都没看过我的文章，怎么知道不好？"

道人也不着急，慢慢说道："我听说写文章，重在心平气和，现在听您这样高声怒骂，心境一点都不平和，文章怎么能够写得好呢？"

张畏岩毕竟是个读书明理的人，他听了道人的一番话，觉得有几分道理，不知不觉心情就平静下来，请道人继续说下去。

道人说："要考取功名得看你的命数。命里不该中举，文章纵然写得再好，也是没用的。自己必须去争取有个转变。"

张畏岩问："既然是命中注定的，那还怎么转变呢？"

道人回答："命数虽由天定，但命运却是自己能掌握的。只要能够努力行善，广积阴德，那么有什么福报不能求到呢？"

张畏岩又问道人："我是一个穷秀才，能做什么善事呢？"

道人说："做善事，积阴德，都是由心而发，你若能常常存着这份善心，就会功德无量。况且做到为人谦虚，又不需要花钱，你怎么不自我反省一番，却偏偏要责骂主考官呢？"

张畏岩从此转变以往骄傲自大的性情，随时随地都注意约束自己。每天加紧行善，功德也一天天增长起来。

三年后，到了丁酉那一年，有一天晚上做梦，梦见自己走进一所很是气派的大房子，看见桌上放着一卷打开的录取名册，上前一看，发现字里行间有很多空白。见旁边有人，他就询问旁边的人，这是何物？

旁边人回答说："这是今年的录取名册。"

张畏岩又问："为何缺少那么多名字呢？"

旁边人回答道："此处是阴间，对于参加科举之人，阴间每隔三年就要考察一次，必须是积有功德，没有过失的人，才能够榜上留名。像这份名册里缺少的名字，本来应该是可以录取的，可是因为最近做了不厚道的事，才被剔除的。"

第四篇
谦德之效

说罢,又指着其中一行说:"你最近这三年以来,严于律己,谨慎行事,或许可以补上这个空缺,希望你能自爱。"

这一年,张畏岩果然乡试中举,名次为第一百零五名。

原文中的甲午年是公元1594年,那一年了凡已经被罢官回到了吴江隐居。可见这位张畏岩秀才是一位晚辈。三年后张畏岩考中举人。

张畏岩的生平在公开资料中没有找到,但是明末清初的著名书法家、诗人陈恭尹有两首诗提到了张畏岩,诗的名字是《送张畏岩进士归吴门兼怀孙赤崖二首》,应该说的是这位张畏岩。从诗的题目来看,张畏岩后来应该也考中了进士,只不过那时的大明朝已经风雨飘摇,江河破碎了。

在这一讲中了凡讲了张畏岩自负失功名的故事。故事中告诉我们的道理是,做事不成功,不要去怨天尤人,而是要认真反省自己,先要从自身上寻找不足,并加以改正,只有建立了谦虚的心态,自然离成功就不远了。

《孟子·离娄上》里有这样一句话:"爱人不亲,反其仁;治人不治,反其智;礼人不答,反其敬……行有不得者,皆反求诸己,其身正而天下归之。"

意思是说:"爱别人却得不到别人的亲近,那就要反问自己的爱够不够;管理别人却不能管理好,那就要反问自己的才智有没有问题;礼貌待人却得不到别人相应的礼貌,那就要反问自己的礼貌是否到家……凡是做事得不到预期的效果,都应该反过来检查自己,自身行为端正了,所有的人自然都会信服你。"

孟子说的这种情况,我们在生活中随时随地都会遇到,又有多少人肯去用孟子的方法去试一试效果呢?

境随心转,我们的环境、人际关系以及事业,都是随着我们自己的心在转变的。当自己的心境转变了,就会发现这个世界和以前不一样了。你会感觉环境也变好了,人缘也变好了,事业也顺畅了。

方法有了,建议大家试一试,圣人是不会骗人的。下一节也是全书的最后一节,了凡先生会讲些什么呢?一起去学习一下。

04 立长志者事竟成

原文:

由此观之,举头三尺,决有神明;趋吉避凶,断然由我。须使我存心制行,毫不得罪于天地鬼神,而虚心屈己,使天地鬼神,时时怜我,方有受福之基。彼气盈者,必非远器,纵发亦无受用。稍有识见之士,必不忍自狭其量,而自拒其福也。况谦则受教有地,而取善无穷,尤修业者所必不可少者也。

古语云:有志于功名者,必得功名;有志于富贵者,必得富贵。人之有志,如树之有根,立定此志,须念念谦虚,尘尘方便,自然感动天地,而造福由我。今之求登科第者,初未尝有真志,不过一时意兴耳。兴到则求,兴阑则止。孟子曰:王之好乐甚,齐其庶几乎?予于科名亦然。

这一节是了凡先生对"谦德之效"通篇内容的总结:"从上面的几个例子来看,举头三尺有神明呀。趋吉避凶,完全取决于我们自己。我们必须时时刻刻约束自己,要保持自己有一颗向善之心,要对得起天地神明,要虚心待人,严于律己,让天地神明时时刻刻都爱惜我们,这样才会拥有接纳福报的根基。"

第四篇
谦德之效

"那些充满傲气、目空一切的人,一定不是有远大成就的人,纵然侥幸发达了,也一定不会长久。所以只要是稍有见识的人,必定不会让自己的心量越变越小,自己阻断了应得的福报。另外只有谦虚的人,才会有宽广的胸怀,来吸纳他人的经验教训,学习他人的长处,这些都是修行中人必不可少的素质。"

原文中的这一段,了凡先生是在案例教学的基础上总结了"满招损,谦受益"的道理。我们拓展一下,看看《尚书》中这句话的全貌。

《尚书·大禹谟》说:"惟德动天,无远勿届,满招损,谦受益,时乃天道。"意思是有德行才能感通天道,德的感召力可以跨越千山万水,大爱无疆,自满受损,谦虚受益,这就是天道的规则。

两千多年前的古人,把"满招损,谦受益"上升到了天道规则的层面,孔圣人理解了这句话,才说"三人行必有我师"。开国领袖毛泽东也理解了这句话,所以伟人说:"谦虚使人进步,骄傲使人落后。"大道至简,明白了,照做了,受益终身。

《史记》中有个"燕昭王招贤"的故事,说的就是燕昭王听取郭隗的建议,谦逊待人招得贤士,带领燕国成为战国七雄的典故。让我们一起穿越到两千多年前的燕国,亲眼看看谦虚的力量有多么强大。

燕昭王即位的原因很悲剧,因为齐国入侵,先王和太子双双被杀。燕国的前途就这样落到了燕昭王的肩上。燕昭王想雪耻,怎奈国力弱小,接得本就是个烂摊子。于是燕昭王拜访了贤士郭隗,请教让燕国强大的方法。

郭隗见燕昭王志向远大,于是建议道:"大王,若想燕国强大,必须要广招人才呀。"

燕昭王问道:"如何招才?"

郭隗答道:"那要看大王自己的态度是否谦逊。把人才当老师,比自己强百倍的人会来;把人才当朋友,比自己强十倍的人会来;把人才当属下,和自己能力差不多的人会来。如果大王满心骄傲,不能礼贤下士,来的只会是一群阿谀奉承的小人。"

燕昭王说:"我可以做到谦虚待人,但眼下怎么走出第一步呢?"

郭隗一本正经地说:"从我做起,我本人有点小名气,但不是大才,大王如能拜我为师,天下之士见到大王如此礼贤下士,何愁没有人才来投?"

燕昭王明白了,照做了,公开尊郭隗为师,赐下大宅子,并修筑了黄金台广招天下能人贤士。

此举天下震动,乐毅从魏国赶来,邹衍从齐国来,剧辛从赵国来,各种人才纷纷来投,燕昭王对内和百姓同甘共苦,对外低调立国,燕国国力一年一年强大起来。

时间一年年过去了,在能人的辅佐下,燕国越来越强大。燕昭王二十八年,上将军乐毅领兵伐齐,连破齐国七十余城,齐国险些被灭国,向北又打败了众多游牧民族,将燕国的国土扩展了千里,成就了燕国战国七雄的地位。

瞧瞧,这就是谦虚的力量,谦虚于己、于家、于国都是百利而无一害。了凡先生认为谦虚的作用很大,但如果想成就一番事业,除了谦虚,还必须立下志向并坚持达成志向。当然,所立的志向需要以天下苍生为重,以个人谋取私利为轻。于是有了下面这些话。

古人说:"心怀求取功名的志向,就必定能够获得功名;有求得富贵的志向,必定可以得到富贵。"人有了志向,就像树木有了根,一旦立下远大的志向,还必须要时时刻刻记得要谦虚,

第四篇
谦德之效

即使碰到一些特别小的事，也要给他人行个方便，这样自然能够感动天地，而要修造福报，就可以操控在自己手中了。

现在有很多想要立志求取功名的读书人，刚开始并没有真心立志，只不过是一时的随性而为罢了。兴致来了，就拼命去追求；等到兴致没了，也就不了了之了。

孟子曾经对齐宣王说："王之好乐甚，齐其庶几乎？"立志求取功名，也是这个道理。

喜好音乐和治理国家有什么关系？又和立志功名有什么关系？不了解这个典故的读者可能有点不太明白。咱们先讲讲这个典故。

孟子拜见齐宣王，说起了齐宣王爱好音乐的事。孟子说："王之好乐甚，齐其庶几乎？"意思是，大王喜爱音乐，那么齐国就治理得差不多了。

齐宣王被问得有点懵，就问孟子："先生说说这有什么关联？"

孟子说："独乐乐，与人乐乐，孰乐乎？"这句话大家相信都听过吧，意思是一个人听音乐高兴，还是大家伙儿一起听着高兴？

齐宣王一听来了精神，说："当然一起听高兴啦。一个人听怪没意思的。"

孟子一看齐宣王上道了，就说："既然这样，那我就给大王讲讲这里面的道理。假如大王在这奏乐，鼓乐齐鸣的，老百姓听见了，都心中怨恨，纷纷说大王在听音乐，他倒是挺高兴的，我们现在妻离子散的，饭都吃不上，他咋不管呢？老百姓为啥会这么说呢？因为您没有和百姓同欢乐呀。假如您在这奏乐，老百姓听了都很开心，纷纷说看来大王的身体很好呀，不然怎么能有精力听音乐呢？百姓为啥会这么说呢？因为您已经做到和百姓同欢乐了。所以我才说，大王喜爱音乐，那么齐国就治理得差不多啦。"

孟子的话，是希望齐宣王能够与民同乐。如果抱着这种心态治理国家，必然会国泰民安，社会和谐。

了凡先生借用这个典故，劝说天下的读书人，考取功名不是目的，为了当官以后荣华富贵，这样的志向太狭隘了。要将个人功名利禄的私心，转变成为天下百姓谋福利的公心。这样的志向才是读书人应该有的胸怀。

立下远大的志向，还要具备坚持志向的决心。君子立长志，小人常立志。古往今来，凡是成功的人，都是坚韧不拔、锲而不舍的人；反之，没有成功的人，都是轻言放弃、满嘴借口的人。

到这里，《了凡四训》就全部讲解完毕了。四百多年以来，这本励志奇书不知激励了多少有志之士。"命由己作，福自己求。"了凡先生的智慧，历经岁月的考验，直到今天，仍然能够启发我们的心灵，照亮我们前进的路。

奇哉！袁黄。壮哉！了凡。

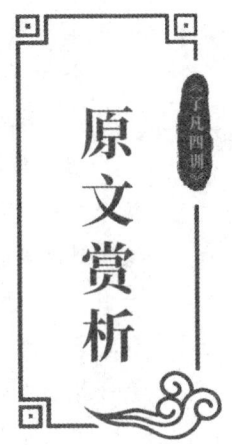

原文赏析

第一篇 立命之学

余童年丧父,老母命弃学举业学医,谓可以养生,可以济人,且习一艺以成名,尔父夙[sù]心也。

后余在慈云寺,遇一老者,修髯[rán]伟貌,飘飘若仙,余敬礼之。语余曰:子仕路中人也,明年即进学,何不读书?余告以故,并叩老者姓氏里居。曰:吾姓孔,云南人也。得邵子皇极数正传,数该传汝。余引之归,告母。母曰:善待之。试其数,纤悉皆验。余遂起读书之念,谋之表兄沈称,言:郁海谷先生,在沈友夫家开馆,我送汝寄学甚便。余遂礼郁为师。

孔为余起数:县考童生,当十四名;府考七十一名,提学考第九名。明年赴考,三处名数皆合。复为卜终身休咎[jiù],言:某年考第几名,某年当补廪,某年当贡,贡后某年,当选四川一大尹,在任三年半,即宜告归。五十三岁八月十四日丑时,当终于正寝,惜无子。余备录而谨记之。

自此以后,凡遇考校,其名数先后,皆不出孔公所悬定者。独算余食廪米九十一石五斗当出贡,及食米七十余石,屠宗师即批准补贡,余窃疑之。后果为署印杨公所驳,直至丁卯年,殷秋溟宗师见余场中备卷,叹曰:五策,即五篇奏议也,岂可使博洽淹贯之儒,老于窗下乎!遂依县申文准贡,连前食米计之,实九十一石五斗也。余因此益信进退有命,迟速有时,澹[dàn]然无求矣。

贡入燕都,留京一年,终日静坐,不阅文字。

己巳归,游南雍,未入监,先访云谷会禅师于栖霞山中,对坐一室,凡三昼夜不瞑目。

云谷问曰:凡人所以不得作圣者,只为妄念相缠耳。汝坐三日,不见起一妄念,何也?

余曰:吾为孔先生算定,荣辱生死,皆有定数,即要妄想,亦无可妄想。

云谷笑曰：我待汝是豪杰，原来只是凡夫。

问其故？曰：人未能无心，终为阴阳所缚，安得无数？但惟凡人有数；极善之人，数固拘他不定；极恶之人，数亦拘他不定。汝二十年来，被他算定，不曾转动一毫，岂非是凡夫？

余问曰：然则数可逃乎？曰：命由我作，福自己求。诗书所称，的为明训。我教典中说：求富贵得富贵，求男女得男女，求长寿得长寿。夫妄语乃释迦大戒，诸佛菩萨，岂诳语欺人？

余进曰：孟子言：求则得之，是求在我者也。道德仁义，可以力求；功名富贵，如何求得？

云谷曰：孟子之言不错，汝自错解了。汝不见六祖说：一切福田，不离方寸；从心而觅，感无不通。求在我，不独得道德仁义，亦得功名富贵；内外双得，是求有益于得也。

若不反躬内省，而徒向外驰求，则求之有道，而得之有命矣，内外双失，故无益。

因问：孔公算汝终身若何？余以实告。云谷曰：汝自揣应得科第否？应生子否？

余追省良久，曰：不应也。科第中人，类有福相，余福薄，又不能积功累行，以基厚福；兼不耐烦剧，不能容人；时或以才智盖人，直心直行，轻言妄谈。凡此皆薄福之相也，岂宜科第哉。

地之秽者多生物，水之清者常无鱼；余好洁，宜无子者一；和气能育万物，余善怒，宜无子者二；爱为生生之本，忍为不育之根；余矜惜名节，常不能舍己救人，宜无子者三；多言耗气，宜无子者四；喜饮铄[shuò]精，宜无子者五；好彻夜长坐，而不知葆元毓[yù]神，宜无子者六。其余过恶尚多，不能悉数。

云谷曰：岂惟科第哉。世间享千金之产者，定是千金人物；享百金之产者，定是百金人物；应饿死者，定是饿死人物；天不过因材而笃[dǔ]，几曾加纤毫意思。

即如生子，有百世之德者，定有百世子孙保之；有十世之德者，定有十世子孙保之；有三世二世之德者，定有三世二世子孙保之；其斩焉无后者，德至薄也。

汝今既知非，将向来不发科第，及不生子相，尽情改刷；务要积德，务要包荒，务要和爱，务要惜精神。从前种种，譬如昨日死；从后种种，譬如今日生。此义理再生之身也。

夫血肉之身，尚然有数；义理之身，岂不能格天。太甲曰：天作孽，犹可违；自作孽，不可活。诗云：永言配命，自求多福。孔先生算汝不登科第，不生子者，此天作之孽，犹可得而违也；汝今扩充德性，力行善事，多积阴德，此自己所作之福也，安得而不受享乎？

易为君子谋，趋吉避凶；若言天命有常，吉何可趋，凶何可避？开章第一义，便说：积善之家，必有余庆。汝信得及否？

余信其言，拜而受教。因将往日之罪，佛前尽情发露，为疏一通，先求登科；誓行善事三千条，以报天地祖宗之德。云谷出功过格示余，令所行之事，逐日登记；善则记数，恶则退除，且教持准提咒，以期必验。

语余曰：符箓家有云：不会书符，被鬼神笑。此有秘传，只是不动念也。执笔书符，先把万缘放下，一尘不起。从此念头不动处，下一点，谓之混沌开基。由此而一笔挥成，更无思虑，此符便灵。凡祈天立命，都要从无思无虑处感格。

孟子论立命之学，而曰：夭寿不贰。夫夭与寿，至贰者也。当其不动念时，孰为夭，孰为寿？细分之，丰歉不贰，然后可立贫富之命；穷通不贰，然后可立贵贱之命；夭寿不贰，然后可立生死之命。人生世间，惟死生为重，曰夭寿，则一切顺逆皆该之矣。

至修身以俟之，乃积德祈天之事。曰修，则身有过恶，皆当治而去之；曰俟，则一毫觊[jì]觎[yú]，一毫将迎，皆当斩绝之矣。到此地位，直造先天之境，即此便是实学。

汝未能无心,但能持准提咒,无记无数,不令间断,持得纯熟,于持中不持,于不持中持。到得念头不动,则灵验矣。

余初号学海,是日改号了凡;盖悟立命之说,而不欲落凡夫窠[kē]白也。从此而后,终日兢兢,便觉与前不同。前日只是悠悠放任,到此自有战兢惕厉景象,在暗室屋漏中,常恐得罪天地鬼神;遇人憎我毁我,自能恬然容受。

到明年礼部考科举,孔先生算该第三,忽考第一,其言不验,而秋闱中式矣。

然行义未纯,检身多误。或见善而行之不勇,或救人而心常自疑;或身勉为善,而口有过言;或醒时操持,而醉后放逸。以过折功,日常虚度。自己巳岁发愿,直至己卯岁,历十余年,而三千善行始完。

时方从李渐庵入关,未及回向。庚辰南还。始请性空、慧空诸上人,就东塔禅堂回向。遂起求子愿,亦许行三千善事。辛巳、生男天启。

余行一事,随以笔记;汝母不能书,每行一事,辄[zhé]用鹅毛管,印一朱圈于历日之上。或施食贫人,或买放生命,一日有多至十余圈者。至癸[guǐ]未八月,三千之数已满。复请性空辈,就家庭回向。九月十三日,复起求中进士愿,许行善事一万条,丙戌登第,授宝坻知县。

余置空格一册,名曰治心篇。晨起坐堂,家人携付门役,置案上,所行善恶,纤悉必记。夜则设桌于庭,效赵阅道焚香告帝。

汝母见所行不多,辄颦[pín]蹙[cù]曰:我前在家,相助为善,故三千之数得完;今许一万,衙中无事可行,何时得圆满乎?

夜间偶梦见一神人,余言善事难完之故。神曰:只减粮一节,万行俱完矣。盖宝坻之田,每亩二分三厘七毫。余为区处,减至一分四厘六毫,委有此事,心颇惊疑。适幻余禅师自五台来,余以梦告之,且问此事宜信否?

师曰:善心真切,即一行可当万善,况合县减粮、万民受福乎!

吾即捐俸银,请其就五台山斋僧一万而回向之。

孔公算予五十三岁有厄,余未尝祈寿,是岁竟无恙,今六十九矣。书曰:天难谌[chén],命靡常。又云:惟命不于常,皆非诳语。吾于是而知,凡称祸福自己求之者,乃圣贤之言;若谓祸福惟天所命,则世俗之论矣。

汝之命,未知若何?即命当荣显,常作落寞想;即时当顺利,当作拂逆想;即眼前足食,常作贫窭[jù]想;即人相爱敬,常作恐惧想;即家世望重,常作卑下想;即学问颇优,常作浅陋想。

远思扬祖宗之德,近思盖父母之愆;上思报国之恩,下思造家之福;外思济人之急,内思闲己之邪。

务要日日知非,日日改过;一日不知非,即一日安于自是;一日无过可改,即一日无步可进。天下聪明俊秀不少,所以德不加修、业不加广者,只为因循二字,耽搁一生。

云谷禅师所授立命之说,乃至精致邃[suì]、至真至正之理,其熟玩而勉行之,毋自旷也。

第二篇 改过之法

春秋诸大夫,见人言动,亿而谈其祸福,靡不验者,左国诸记可观也。

大都吉凶之兆,萌乎心而动乎四体,其过于厚者常获福,过于薄者常近祸,俗眼多翳[yì],谓有未定而不可测者。

至诚合天,福之将至,观其善而必先知之矣;祸之将至,观其不善而必先知之矣。今欲获福而远祸,未论行善,先须改过。

但改过者,第一、要发耻心。思古之圣贤,与我同为丈夫,彼何以百世可师?我何以一身瓦裂?耽[dān]染尘情,私行不义,谓人不知,傲然无愧,将日沦于禽兽而不自知矣;世之可羞可耻者,莫大乎此。孟子曰:耻之于人大矣。以其得之则圣贤,失之则禽兽耳。

此改过之要机也。

第二、要发畏心。天地在上，鬼神难欺，吾虽过在隐微，而天地鬼神，实鉴临之，重则降之百殃，轻则损其现福，吾何可以不惧？

不惟此也。闲居之地，指视昭然；吾虽掩之甚密，文之甚巧，而肺肝早露，终难自欺；被人觑[qù]破，不值一文矣，乌得不懔懔[lǐn]？

不惟是也。一息尚存，弥天之恶，犹可悔改；古人有一生作恶，临死悔悟，发一善念，遂得善终者。谓一念猛厉，足以涤百年之恶也。譬如千年幽谷，一灯才照，则千年之暗俱除；故过不论久近，惟以改为贵。

但尘世无常，肉身易殒，一息不属，欲改无由矣。明则千百年担负恶名，虽孝子慈孙，不能洗涤；幽则千百劫沉沦狱报，虽圣贤佛菩萨，不能援引。乌得不畏？

第三、须发勇心。人不改过，多是因循退缩；吾须奋然振作，不用迟疑，不烦等待。小者如芒刺在肉，速与抉剔；大者如毒蛇啮[niè]指，速与斩除，无丝毫凝滞。此风雷之所以为益也。

具是三心，则有过斯改，如春冰遇日，何患不消乎？然人之过，有从事上改者，有从理上改者，有从心上改者；工夫不同，效验亦异。

如前日杀生，今戒不杀；前日怒詈[lì]，今戒不怒；此就其事而改之者也。强制于外，其难百倍，且病根终在，东灭西生，非究竟廓[kuò]然之道也。

善改过者，未禁其事，先明其理。如过在杀生，即思曰：上帝好生，物皆恋命，杀彼养己，岂能自安？且彼之杀也，既受屠割，复入鼎镬[huò]，种种痛苦，彻入骨髓；己之养也，珍膏罗列，食过即空，疏食菜羹，尽可充腹，何必戕[qiāng]彼之生，损己之福哉？

又思血气之属，皆含灵知，既有灵知，皆我一体；纵不能躬修至德，使之尊我亲我，岂可日戕物命，使之仇我憾我于无穷也？一思及此,将有对食伤心,不能下咽者矣。

如前日好怒,必思曰:人有不及,情所宜矜[jīn];悖理相干,于我何与?本无可怒者。

又思天下无自是之豪杰,亦无尤人之学问;行有不得,皆己之德未修,感未至也。吾悉以自反,则谤毁之来,皆磨炼玉成之地;我将欢然受赐,何怒之有?

又闻谤而不怒,虽谗焰薰天,如举火焚空,终将自息;闻谤而怒,虽巧心力辩,如春蚕作茧,自取缠绵。怒不惟无益,且有害也。其余种种过恶,皆当据理思之。此理既明,过将自止。

何谓从心而改?过有千端,惟心所造;吾心不动,过安从生?学者于好色、好名、好货、好怒,种种诸过,不必逐类寻求,但当一心为善,正念现前,邪念自然污染不上。如太阳当空,魍[wǎng]魉[liǎng]潜消,此精一之真传也。过由心造,亦由心改,如斩毒树,直断其根,奚必枝枝而伐,叶叶而摘哉?

大抵最上者治心,当下清净;才动即觉,觉之即无;苟未能然,须明理以遣之;又未能然,须随事以禁之。以上事而兼行下功,未为失策;执下而昧上,则拙矣。

顾发愿改过,明须良朋提醒,幽须鬼神证明。一心忏悔,昼夜不懈,经一七、二七,以至一月、二月、三月,必有效验。

或觉心神恬旷;或觉智慧顿开;或处冗沓而触念皆通;或遇怨仇而回嗔作喜;或梦吐黑物;或梦往圣先贤,提携接引;或梦飞步太虚;或梦幢[chuáng]幡[fān]宝盖,种种胜事,皆过消罪灭之象也。然不得执此自高,画而不进。

昔蘧[qú]伯玉当二十岁时,已觉前日之非而尽改之矣。至二十一岁,乃知前之所改,未尽也;及二十二岁,回视二十一岁,犹在梦中。岁复一岁,递递改之。行年五十,而犹知四十九年之非。古人改过之学如此。

吾辈身为凡流，过恶猬集，而回思往事，常若不见其有过者，心粗而眼翳也。

然人之过恶深重者，亦有效验：或心神昏塞，转头即忘；或无事而常烦恼；或见君子而赧[nǎn]然消沮[jǔ]；或闻正论而不乐；或施惠而人反怨；或夜梦颠倒，甚则妄言失志。皆作孽之相也。苟一类此，即须奋发，舍旧图新，幸勿自误。

第三篇 积善之方

易曰：积善之家，必有余庆。昔颜氏将以女妻叔梁纥[hé]，而历叙其祖宗积德之长，逆知其子孙必有兴者。孔子称舜之大孝，曰：宗庙飨[xiǎng]之，子孙保之，皆至论也。试以往事征之。

杨少师荣、建宁人。世以济渡为生，久雨溪涨，横流冲毁民居，溺死者顺流而下，他舟皆捞取货物，独少师曾祖及祖，惟救人，而货物一无所取，乡人嗤其愚。逮少师父生，家渐裕，有神人化为道者，语之曰：汝祖父有阴功，子孙当贵显，宜葬某地。遂依其所指而窆[biǎn]之，即今白兔坟也。后生少师，弱冠登第，位至三公，加曾祖、祖、父，如其官。子孙贵盛，至今尚多贤者。

鄞[yín]人杨自惩，初为县吏，存心仁厚，守法公平。时县宰严肃，偶挞[tà]一囚，血流满前，而怒犹未息，杨跪而宽解之。宰曰：怎奈此人越法悖理，不由人不怒。自惩叩首曰：上失其道，民散久矣，如得其情，哀矜勿喜。喜且不可，而况怒乎？宰为之霁[jì]颜。

家甚贫，馈遗一无所取，遇囚人乏粮，常多方以济之。一日，有新囚数人待哺，家又缺米。给囚则家人无食，自顾则囚人堪悯；与其妇商之。妇曰：囚从何来？曰：自杭而来。沿路忍饥，菜色可掬。因撤己之米，煮粥以食囚。后生二子，长曰守陈，次曰守址，为南北吏部侍郎；长孙为刑部侍郎；次孙为四川廉宪，又俱为名臣。今楚亭德政，亦其裔[yì]也。

用心学《了凡四训》

昔正统间,邓茂七倡乱于福建,士民从贼者甚众;朝廷起鄞县张都宪楷南征,以计擒贼,后委布政司谢都事,搜杀东路贼党;谢求贼中党附册籍,凡不附贼者,密授以白布小旗,约兵至日,插旗门首,戒军兵无妄杀,全活万人;后谢之子迁,中状元,为宰辅;孙丕,复中探花。

莆田林氏,先世有老母好善,常作粉团施人,求取即与之,无倦色。一仙化为道人,每旦索食六七团。母日日与之,终三年如一日,乃知其诚也。因谓之曰:吾食汝三年粉团,何以报汝?府后有一地,葬之,子孙官爵,有一升麻子之数。其子依所点葬之,初世即有九人登第,累代簪[zān]缨甚盛,福建有无林不开榜之谣。

冯琢庵太史之父,为邑庠[xiáng]生。隆冬早起赴学,路遇一人,倒卧雪中,扪之,半僵矣。遂解己绵裘衣之,且扶归救苏。梦神告之曰:汝救人一命,出至诚心,吾遣韩琦为汝子。及生琢庵,遂名琦。

台州应尚书,壮年习业于山中。夜鬼啸集,往往惊人,公不惧也。一夕闻鬼云:某妇以夫久客不归,翁姑逼其嫁人。明夜当缢死于此,吾得代矣。公潜卖田,得银四两。即伪作其夫之书,寄银还家。其父母见书,以手迹不类,疑之。既而曰:书可假,银不可假,想儿无恙。妇遂不嫁。其子后归,夫妇相保如初。

公又闻鬼语曰:我当得代,奈此秀才坏吾事。旁一鬼曰:尔何不祸之?曰:上帝以此人心好,命作阴德尚书矣。吾何得而祸之?应公因此益自努励,善日加修,德日加厚。遇岁饥,辄捐谷以赈之;遇亲戚有急,辄委曲维持;遇有横逆,辄反躬自责,怡然顺受。子孙登科第者,今累累也。

常熟徐凤竹栻[shì],其父素富。偶遇年荒,先捐租以为同邑之倡,又分谷以赈贫乏。夜闻鬼唱于门曰:千不诳,万不诳,徐家秀才,做到了举人郎。相续而呼,连夜不断。是岁,凤竹果举于乡。其父因而益积德,孳孳[zī]不怠,修桥修路,斋僧接众,凡有利益,无不尽心。后又闻鬼唱于门曰：千不诓，万不诓，徐家举人，直做到都堂。凤竹官终两浙巡抚。

嘉兴屠康僖 [xī] 公，初为刑部主事，宿狱中，细询诸囚情状，得无辜者若干人。公不自以为功，密疏其事，以白堂官。后朝审，堂官摘其语，以讯诸囚，无不服者，释冤抑十余人，一时辇下咸颂尚书之明。公复禀曰：辇毂 [gū] 之下，尚多冤民；四海之广，兆民之众，岂无枉者？宜五年差一减刑官，核实而平反之。尚书为奏，允其议。时公亦差减刑之列。梦一神告之曰：汝命无子，今减刑之议，深合天心，上帝赐汝三子，皆衣紫腰金。是夕夫人有娠，后生应埙 [xūn]、应坤、应竣 [jùn]，皆显官。

嘉兴包凭，字信之，其父为池阳太守，生七子，凭最少，赘平湖袁氏，与吾父往来甚厚。博学高才，累举不第，留心二氏之学。一日东游泖湖，偶至一村寺中，见观音像，淋漓露立，即解橐 [tuó] 中得十金，授主僧，令修屋宇。僧告以功大银少，不能竣事。复取松布四疋 [pǐ]，检箧 [qiè] 中衣七件与之，内纻 [zhù] 褶，系新置，其仆请已之。凭曰：但得圣像无恙，吾虽裸 [luǒ] 裎 [chéng] 何伤？僧垂泪曰：舍银及衣布，犹非难事；只此一点心，如何易得。后功完，拉老父同游，宿寺中。公梦伽 [qié] 蓝来谢曰：汝子当享世禄矣。后子汴，孙柽 [chēng] 芳，皆登第，作显官。

嘉善支立之父，为刑房吏。有囚无辜陷重辟，意哀之，欲求其生。囚语其妻曰：支公嘉意，愧无以报。明日延之下乡，汝以身事之，彼或肯用意，则我可生也。其妻泣而听命。及至，妻自出劝酒，具告以夫意。支不听，卒为尽力平反之。囚出狱，夫妻登门叩谢曰：公如此厚德，晚世所稀。今无子，吾有弱女，送为箕 [jī] 帚妾，此则礼之可通者。支为备礼而纳之，生立，弱冠中魁，官至翰林孔目，立生高，高生禄，皆贡为学博。禄生大纶，登第。

凡此十条，所行不同，同归于善而已。若复精而言之，则善有真，有假；有端，有曲；有阴，有阳；有是，有非；有偏，有正；有半，有满；有大，有小；有难，有易。皆当深辨。为善而不穷理，则自谓行持，岂知造孽，枉费苦心，无益也。

何谓真假？昔有儒生数辈，谒中峰和尚，问曰：佛氏论善恶报应，如影随形。今某人善，而子孙不兴；某人恶，而家门隆盛。佛说无稽矣。中峰云：凡情未涤，正眼未开，认善为恶，指恶为善，往往有之。不憾己之是非颠倒，而反怨天之报应有差乎？众曰：善恶何致相反？中峰令试言其状。一人谓：詈人殴人是恶，敬人礼人是善。中峰云：未必然也。一人谓：贪财妄取是恶，廉洁有守是善。中峰云：未必然也。众人历言其状，中峰皆谓不然。

因请问。中峰告之曰：有益于人，是善；有益于己，是恶。有益于人，则殴人、詈人皆善也；有益于己，则敬人、礼人皆恶也。是故人之行善，利人者公，公则为真；利己者私，私则为假。又根心者真，袭迹者假。又无为而为者真，有为而为者假。皆当自考。

何谓端曲？今人见谨愿之士，类称为善而取之；圣人则宁取狂狷 [juàn]。至于谨愿之士，虽一乡皆好，而必以为德之贼。是世人之善恶，分明与圣人相反。推此一端，种种取舍，无有不谬。天地鬼神之福善祸淫，皆与圣人同是非，而不与世俗同取舍。凡欲积善，决不可徇耳目，惟从心源隐微处，默默洗涤。纯是济世之心，则为端；苟有一毫媚世之心，即为曲。纯是爱人之心，则为端；有一毫愤世之心，即为曲。纯是敬人之心，则为端；有一毫玩世之心，即为曲。皆当细辨。

何谓阴阳？凡为善而人知之，则为阳善；为善而人不知，则为阴德。阴德，天报之；阳善，享世名。名，亦福也。名者，造物所忌。世之享盛名而实不副者，多有奇祸；人之无过咎而横被恶名者，子孙往往骤发。阴阳之际微矣哉。

何谓是非？鲁国之法，鲁人有赎人臣妾于诸侯，皆受金于府。

子贡赎人而不受金。孔子闻而恶之曰：赐失之矣。夫圣人举事，可以移风易俗，而教道可施于百姓，非独适己之行也。今鲁国富者寡而贫者众，受金则为不廉，何以相赎乎？自今以后，不复赎人于诸侯矣。

子路拯人于溺，其人谢之以牛，子路受之。孔子喜曰：自今鲁国多拯人于溺矣。自俗眼观之，子贡不受金为优，子路之受牛为劣，孔子则取由而黜赐焉。乃知人之为善，不论现行而论流弊；不论一时而论久远；不论一身而论天下。现行虽善，而其流足以害人，则似善而实非也；现行虽不善，而其流足以济人，则非善而实是也。然此就一节论之耳。他如非义之义，非礼之礼，非信之信，非慈之慈，皆当抉择。

何谓偏正？昔吕文懿公初辞相位，归故里，海内仰之，如泰山北斗。有一乡人醉而詈之，吕公不动，谓其仆曰：醉者勿与较也。闭门谢之。逾年，其人犯死刑入狱。吕公始悔之曰：使当时稍与计较，送公家责治，可以小惩而大戒。吾当时只欲存心于厚，不谓养成其恶，以至于此。此以善心而行恶事者也。

又有以恶心而行善事者。如某家大富，值岁荒，穷民白昼抢粟于市。告之县，县不理，穷民愈肆，遂私执而困辱之，众始定。不然，几乱矣。故善者为正，恶者为偏，人皆知之。其以善心而行恶事者，正中偏也；以恶心而行善事者，偏中正也。不可不知也。

何谓半满？易曰：善不积，不足以成名；恶不积，不足以灭身。书曰：商罪贯盈，如贮物于器。勤而积之，则满；懈而不积，则不满。此一说也。

昔有某氏女入寺，欲施而无财，止有钱二文，捐而与之，主席者亲为忏悔。及后入宫富贵，携数千金入寺舍之，主僧惟令其徒回向而已。因问曰：吾前施钱二文，师亲为忏悔；今施数千金，而汝不回向，何也？曰：前者物虽薄，而施心甚真，非老僧亲忏，不足报德；今物虽厚，而施心不若前日之切，令人代忏足矣。此千金为半，而二文为满也。钟离授丹于吕祖，点铁为金，可以济世。吕问曰：终变否？曰：五百年后，当复本质。吕曰：如此则害五百年后人矣，吾不愿为也。曰：修仙要积三千功行，汝此一言，三千功行已满矣。此又一说也。

又为善而心不著善，则随所成就，皆得圆满。心着于善，虽终身勤励，止于半善而已。譬如以财济人，内不见己，外不见人，中不见所施之物，是谓三轮体空，是谓一心清净，则斗粟可以种无涯之福，一文可以消千劫之罪。倘此心未忘，虽黄金万镒[yì]，福不满也。此又一说也。

何谓大小？昔卫仲达为馆职，被摄至冥司，主者命吏呈善恶二录。比至，则恶录盈庭，其善录一轴，仅如箸而已。索秤称之，则盈庭者反轻，而如箸者反重。仲达曰：某年未四十，安得过恶如是多乎？曰：一念不正即是，不待犯也。因问轴中所书何事，曰：朝廷常兴大工，修三山石桥，君上疏谏之，此疏稿也。仲达曰：某虽言，朝廷不从，于事无补，而能有如是之力。曰：朝廷虽不从，君之一念，已在万民；向使听从，善力更大矣。故志在天下国家，则善虽少而大；苟在一身，虽多亦小。

何谓难易？先儒谓克己须从难克处克将去。夫子论为仁，亦曰先难。必如江西舒翁，舍二年仅得之束脩[xiū]，代偿官银，而全人夫妇；与邯郸张翁，舍十年所积之钱，代完赎银，而活人妻子。皆所谓难舍处能舍也。如镇江靳翁，虽年老无子，不忍以幼女为妾，而还之邻，此难忍处能忍也。故天降之福亦厚。凡有财有势者，其立德皆易，易而不为，是为自暴。贫贱作福皆难，难而能为，斯可贵耳。

随缘济众，其类至繁，约言其纲，大约有十：第一，与人为善；第二，爱敬存心；第三，成人之美；第四，劝人为善；第五，救人危急；第六，兴建大利；第七，舍财作福；第八，护持正法；第九，敬重尊长；第十，爱惜物命。

何谓与人为善？昔舜在雷泽，见渔者皆取深潭厚泽，而老弱则渔于急流浅滩之中，恻然哀之，往而渔焉。见争者皆匿其过而不谈；见有让者，则揄 [yú] 扬而取法之。期 [jī] 年，皆以深潭厚泽相让矣。夫以舜之明哲，岂不能出一言教众人哉？乃不以言教而以身转之，此良工苦心也！

吾辈处末世，勿以己之长而盖人，勿以己之善而形人，勿以己之多能而困人。收敛才智，若无若虚，见人过失，且涵容而掩覆之。一则令其可改，一则令其有所顾忌而不敢纵，见人有微长可取、小善可录，翻然舍己而从之，且为艳称而广述之。凡日用间，发一言，行一事，全不为自己起念，全是为物立则，此大人天下为公之度也。

何谓爱敬存心？君子与小人，就形迹观，常易相混，惟一点存心处，则善恶悬绝，判然如黑白之相反。故曰：君子所以异于人者，以其存心也。君子所存之心，只是爱人敬人之心。盖人有亲疏贵贱，有智愚贤不肖，万品不齐，皆吾同胞，皆吾一体，孰非当敬爱者？爱敬众人，即是爱敬圣贤；能通众人之志，即是通圣贤之志。何者？圣贤之志，本欲斯世斯人，各得其所。吾合爱合敬，而安一世之人，即是为圣贤而安之也。

何谓成人之美？玉之在石，抵掷则瓦砾，追琢则圭璋。故凡见人行一善事，或其人志可取而资可进，皆须诱掖而成就之。或为之奖借，或为之维持，或为白其诬而分其谤，务使之成立而后已。

大抵人各恶其非类，乡人之善者少，不善者多。善人在俗，亦难自立。且豪杰铮铮，不甚修形迹，多易指摘。故善事常易败，而善人常得谤。惟仁人长者，匡直而辅翼之，其功德最宏。

何谓劝人为善？生为人类，孰无良心？世路役役，最易没溺。凡与人相处，当方便提撕，开其迷惑。譬犹长夜大梦，而令之一觉；譬犹久陷烦恼，而拔之清凉，为惠最溥 [pǔ]。韩愈云：一时劝人以口，百世劝人以书。较之与人为善，虽有形迹，然对证发药，时有奇效，不可废也。失言失人，当反吾智。

何谓救人危急？患难颠沛，人所时有。偶一遇之，当如痌[tóng]瘝[guān]之在身，速为解救。或以一言伸其屈抑，或以多方济其颠连。崔子曰：惠不在大，赴人之急可也。盖仁人之言哉。

何谓兴建大利？小而一乡之内，大而一邑之中，凡有利益，最宜兴建。或开渠导水，或筑堤防患；或修桥梁，以便行旅；或施茶饭，以济饥渴；随缘劝导，协力兴修，勿避嫌疑，勿辞劳怨。

何谓舍财作福？释门万行，以布施为先。所谓布施者，只是舍之一字耳。达者内舍六根，外舍六尘，一切所有，无不舍者。苟非能然，先从财上布施。世人以衣食为命，故财为最重。吾从而舍之，内以破吾之悭[qiān]，外以济人之急。始而勉强，终则泰然，最可以荡涤私情，祛除执吝。

何谓护持正法？法者，万世生灵之眼目也。不有正法，何以参赞天地？何以裁成万物？何以脱尘离缚？何以经世出世？故凡见圣贤庙貌，经书典籍，皆当敬重而修饬之。至于举扬正法，上报佛恩，尤当勉励。

何谓敬重尊长？家之父兄，国之君长，与凡年高、德高、位高、识高者，皆当加意奉事。在家而奉侍父母，使深爱婉容，柔声下气，习以成性，便是和气格天之本。出而事君，行一事，毋谓君不知而自恣[zì]也。刑一人，毋谓君不知而作威也。事君如天，古人格论，此等处最关阴德。试看忠孝之家，子孙未有不绵远而昌盛者，切须慎之。

何谓爱惜物命？凡人之所以为人者，惟此恻隐之心而已；求仁者求此，积德者积此。周礼：孟春之月，牺牲毋用牝[pìn]。孟子谓君子远庖厨，所以全吾恻隐之心也。故前辈有四不食之戒，谓闻杀不食，见杀不食，自养者不食，专为我杀者不食。学者未能断肉，且当从此戒之。

渐渐增进，慈心愈长。不特杀生当戒，蠢动含灵，皆为物命。求丝煮茧，锄地杀虫，念衣食之由来，皆杀彼以自活。故暴殄[tiǎn]之孽，当于杀生等。至于手所误伤，足所误践者，不知其几，皆当委曲防之。古诗云：爱鼠常留饭，怜蛾不点灯。何其仁也！

善行无穷，不能殚述；由此十事而推广之，则万德可备矣。

第四篇 谦德之效

易曰：天道亏盈而益谦，地道变盈而流谦，鬼神害盈而福谦，人道恶盈而好谦。是故谦之一卦，六爻皆吉。书曰：满招损，谦受益。予屡同诸公应试，每见寒士将达，必有一段谦光可掬。

辛未计偕，我嘉善同袍凡十人，惟丁敬宇宾，年最少，极其谦虚。予告费锦坡曰：此兄今年必第。费曰：何以见之？予曰：惟谦受福。兄看十人中，有惴惴款款，不敢先人，如敬宇者乎？有恭敬顺承，小心谦畏，如敬宇者乎？有受侮不答，闻谤不辩，如敬宇者乎？人能如此，即天地鬼神，犹将佑之，岂有不发者？及开榜，丁果中式。

丁丑在京，与冯开之同处，见其虚己敛容，大变其幼年之习。李霁岩直谅益友，时面攻其非，但见其平怀顺受，未尝有一言相报。予告之曰：福有福始，祸有祸先。此心果谦，天必相之。兄今年决第矣。已而果然。

赵裕峰光远，山东冠县人，童年举于乡，久不第。其父为嘉善三尹，随之任。慕钱明吾，而执文见之。明吾悉抹其文，赵不惟不怒，且心服而速改焉。明年，遂登第。

壬辰岁，予入觐，晤夏建所，见其人气虚意下，谦光逼人。归而告友人曰：凡天将发斯人也，未发其福，先发其慧。此慧一发，则浮者自实，肆者自敛。建所温良若此，天启之矣。及开榜，果中式。

江阴张畏岩，积学工文，有声艺林。甲午，南京乡试，寓一寺中，揭晓无名,大骂试官,以为眯目。时有一道者,在傍微笑,张遽移怒道者。道者曰:相公文必不佳。张益怒曰:汝不见我文,乌知不佳?道者曰:闻作文,贵心气和平,今听公骂詈,不平甚矣,文安得工?张不觉屈服,因就而请教焉。

  道者曰:中全要命;命不该中,文虽工,无益也。须自己做个转变。张曰:既是命,如何转变?道者曰:造命者天,立命者我。力行善事,广积阴德,何福不可求哉?张曰:我贫士,何能为?道者曰:善事阴功,皆由心造。常存此心,功德无量。且如谦虚一节,并不费钱,你如何不自反而骂试官乎?

  张由此折节自持,善日加修,德日加厚。丁酉,梦至一高房,得试录一册,中多缺行。问旁人,曰:此今科试录。问:何多缺名?曰:科第阴间三年一考较,须积德无咎者,方有名。如前所缺,皆系旧该中式,因新有薄行而去之者也。后指一行云:汝三年来,持身颇慎,或当补此,幸自爱。是科果中一百五名。

  由此观之,举头三尺,决有神明;趋吉避凶,断然由我。须使我存心制行,毫不得罪于天地鬼神,而虚心屈己,使天地鬼神,时时怜我,方有受福之基。彼气盈者,必非远器,纵发亦无受用。稍有识见之士,必不忍自狭其量,而自拒其福也。况谦则受教有地,而取善无穷,尤修业者所必不可少者也。

  古语云:有志于功名者,必得功名;有志于富贵者,必得富贵。人之有志,如树之有根,立定此志,须念念谦虚,尘尘方便,自然感动天地,而造福由我。今之求登科第者,初未尝有真志,不过一时意兴耳。兴到则求,兴阑则止。孟子曰:王之好乐甚,齐其庶几乎?予于科名亦然。